耐高温陶瓷基无线无源传感器关键技术研究

李 晨 著

中国原子能出版社

图书在版编目（CIP）数据

耐高温陶瓷基无线无源传感器关键技术研究 / 李晨
著. -- 北京：中国原子能出版社, 2024. 11. -- ISBN
978-7-5221-3727-8

Ⅰ. TP212

中国国家版本馆 CIP 数据核字第 2024TE9307 号

耐高温陶瓷基无线无源传感器关键技术研究

出版发行	中国原子能出版社（北京市海淀区阜成路 43 号　100048）
责任编辑	白皎玮　陈佳艺
装帧设计	邢　锐
责任校对	刘　铭
责任印制	赵　明
印　　刷	北京金港印刷有限公司
经　　销	全国新华书店
开　　本	787 mm×1092 mm　1/16
印　　张	11.25
字　　数	170 千字
版　　次	2024 年 11 月第 1 版　2024 年 11 月第 1 次印刷
书　　号	ISBN 978-7-5221-3727-8　　　　**定　价　92.00 元**

前　言

在科技日新月异的今天，传感器技术作为信息获取的前沿阵地，其重要性不言而喻。尤其在极端环境，如高温、高压、强辐射条件下，传统传感器技术的局限性日益凸显，催生了对于耐高温陶瓷基无线无源传感器的研究。此类传感器，以其在恶劣环境中的卓越表现，不仅弥补了传统技术之不足，还具备无线无源的特性，极大地拓宽了其应用范围，提高了其灵活性。

陶瓷材料以其出色的耐高温性能、化学稳定性和机械强度，成为构建耐高温传感器的理想选择。陶瓷基无线无源传感器不仅能够在高温环境下稳定工作，还具有无需外部电源供应、便于安装和维护等优势。然而，耐高温陶瓷基无线无源传感器的研发面临着诸多挑战。首先，需要解决陶瓷材料在高温下的性能稳定性问题，确保传感器的精度和可靠性。其次，无线通信技术在高温环境中的可靠性和抗干扰能力也是一个重要的研究方向。此外，传感器的微型化、集成化设计，以及与其他系统的兼容性方面也需要深入研究。

对耐高温陶瓷基无线无源传感器关键技术的研究，将为高温环境下的工业生产、科学研究等提供强有力的技术支持。它有望推动相关领域的技术进步，提高生产效率和安全性，具有重要的理论意义和实际应用价值。

目 录

第1章 绪 论

1.1 高温环境下压力测试需求及研究意义

压力测试是一个古老的课题，长时间高温工况环境下的压力参数的原位测试广泛存在于汽车、石油、化工、兵器等各类工业控制和生产过程中，在航空航天飞行器、工业装备检测、发动机研制等国家重大工程项目研究领域的应用尤其多。例如：涡轮发动机主要由压气机、进气道、燃烧室、涡轮、尾喷管等几部分构成，且由于能量必须在高压情况下输入、低压情况下释放。因此，当气流从燃烧室输出时温度越高，输入的能量就越大，推力就越大，在其研制过程中，推重比和可靠性等指标对整机作战性能具有至关重要的影响，为了满足高推重比的要求，涡轮前和燃烧室的最高温度已经达到1 700 ℃，如图1-1（a）所示。

研究表明，燃烧不稳定会导致发动机整体性能下降，甚至导致事故发生，而导致燃烧不稳定的关键原因是由燃烧室内热－声结构耦合效应导致的压力脉动造成的。因此，获得发动机内部压强变化规律，可以验证发动机内弹道设计参数并优化承压件结构，对涡轮发动机的研制具有非常重要的意义。航天冲压发动机主要是靠飞行器在高速飞行时，将迎面而来的大气流引入发动机，在进气道内扩张后减速，将动能转换为压力能，在气压和温度升高以后再进入燃烧室与燃油进行混合燃烧[1]，温度约为 2 000～2 200 ℃甚至更高，如图 1-1（b）所示。冲压发动机在研发阶段，可以通过测试进气道内的压力分布，来优化进气道结构。航天飞行器的各类发动机地面试车试验，可以分

1

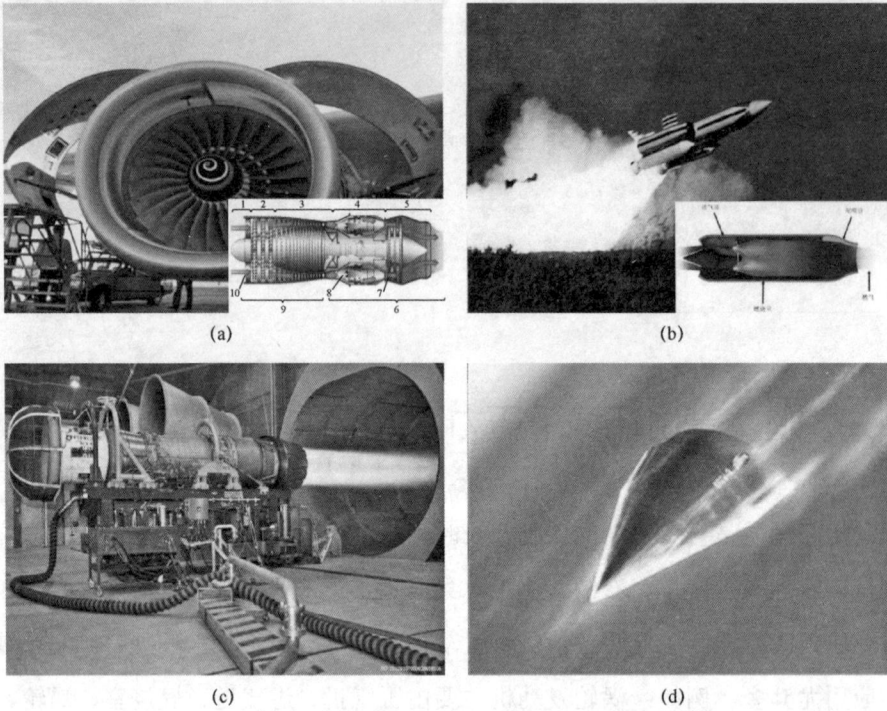

图 1-1　重大工程项目中的高温压力测试需求
（a）涡轮发动机燃烧室温度＞1 700 ℃；（b）冲压发动机燃烧室温度＞2 000 ℃；
（c）大型发动机试车测试环境温度＞600 ℃；（d）飞行器再入过程体表温度＞1 500 ℃

为稳态测试和动态测试两类，前者主要是测试验证飞行器平衡飞行状态下的稳态推力和压力、振动性能参数，后者则主要测试推力和压力动态变化过程的冲量变化特性研究，环境温度均大于 600 ℃，如图 1-1（c）所示。通过研究发动机试车中获得的机内温度分布变化规律和沿壁厚方向的传热规律，可以更准确地优化燃烧室绝热结构，减小绝热结构质量，增加质量比；目前普遍采用外推、间接测量或者冷却的方式，存在无法原位准确获取、信号失真、系统复杂程度高等问题，随着发动机技术的发展，燃烧室温度还将提高，超高温环境下的测试技术瓶颈将日益突出；高温环境中的体表压力数据是揭示导弹等飞行器高速飞行和再入过程机理、进行优化和设计的关键参数。飞行器在大气中高马赫数飞行时，其表面由于气动加热将产生超高温，体表温度达到 1 500 ℃以上，且体表的压力分布是飞行状态确定、飞行控制模型设定的关键参数,如图 1-1(d)所示。在大空域包络内飞行时,如果能实时获取进气道参数,则可以根据该参数来调节燃气流量保持发动机工作在最佳情况。高速飞行体的外形和载荷优化、侵彻弹头设计等都要在飞行过程中获取的温度和力学动态参数为依据。上述测试均需要长时间暴露在 1 000 ℃以上的高温、受限空间内完成。

上述长时间超高温测试意味着系统的高能量状态和高化学活性。用作测试和传感器件材料的各种物性参数都会随温度变化而变化,从而可能造成弹性、连接、隔离结构中的应力集中、强度退化和化学变性,特别是在发动机、高速飞行体表存在的高热、高氧高能粒子冲刷环境下,难以保持表面的化学稳定性。如果采用依赖于表面或界面接触的敏感结构,将无法承受高于 500 ℃的高温环境,常规环境中的压力传感器,冲击、温度变化范围都很小,带来的耦合输出效应可以作线性近似处理且易于用硬件和软件进行补偿。但如果所采用的力电转换效应和温度、冲击呈指数关系时,则大幅度的环境参数变化会迅速地增加环境引起的耦合输出,从而使基于这种原理的器件无法使用。典型的例子是压阻效应,其效应是基于能带应力调制改变载流子迁移率而实现对应力 – 电阻的变换,但温度的变化会引起载流子浓度的指数性变化,高温环境冲击使得传感器敏感材料性能退化,温度噪声造成压力信号不可检测。图 1-2为高温环境中常用压力传感器失效原因分析图。当温度大于 500 ℃时,硅材料性能发生不可逆退化并失效,同时,高温会使得用于电压信号传输和压阻电桥供电的电引线退化,导致参数漂移和器件失效,进而造成传感器的不可逆的毁伤。

超高温环境中压力参数的原位测试为各类发动机提供性能优化设计和健康状态监控的各种基础数据。现有的解决方法是联合使用长引压管 + 低温压力传感器来进行压力测量,该方法在长时间应用时会产生严重的局限性:一方面引压管传热使得这种系统只能工作几十到几百秒时间,难以实现对于长时间飞行过程进行全程监控,另一方面,长引压管会带来高频信号失真。从目前的研究来看,当温度高于 600 ℃时,传统的压力传感器无法完成原位的压力测试的。在工程中,通常采用水冷、隔热的器件封装等手段来解决温度带来的冲击，这样就使得传感器本身的体积增大，且降低测试过程中的可靠性，然而在某些航天或者航空应用场合，对体积的要求很苛刻，因此，此种方法无法应用于此类工程实践。

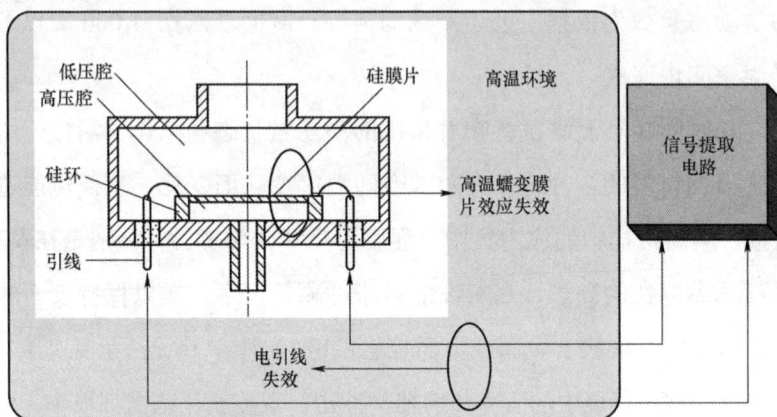

图 1-2   超高温环境中传统压力传感器失效原因分析图

为了解决高温环境下基底材料性能退化以及电引线失效等难题，我们可以从以下两方面进行考虑：一方面，采用耐高温和结构强度高的材料来制备压力敏感结构，使其在高温环境下仍然保持足够的弹性性能，同时还必须考虑这种材料的可加工性，可以设计加工出能在高温环境中的压力敏感的可动微结构；另一方面，利用非接触无线传感方式进行信号传输和拾取，彻底避开欧姆接触，以及在高温环境下电信线失效的测量难题。

1.2   高温压力传感器的发展趋势及研究情况

超高温环境是先进发动机工作的核心环境，对这一环境的监控，是有效提升发动机工作效能、系统可靠性的关键因素。如图 1-3 所示为该报告给出的一些典型发动机的工作温度范围及在不同温度范围内现有可用力学传感器的敏感原理。从中可以看出，在 500 ℃ 以内缺乏成熟的非接触式力学传感方法，在 900 ℃ 以上的温度区域，缺乏成熟应用的有效的力学传感器技术手段。

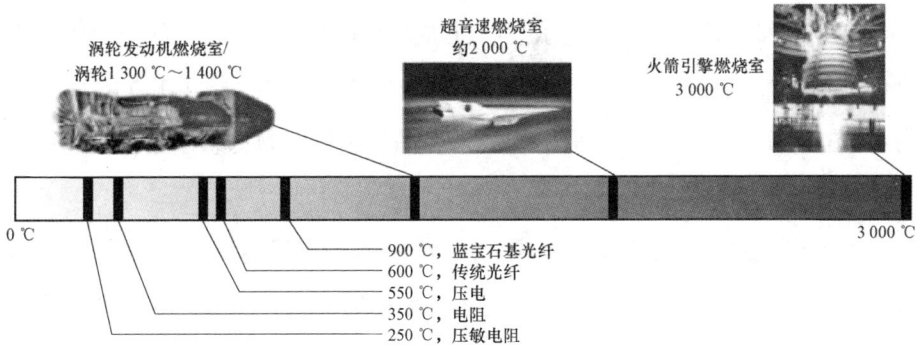

图 1-3 先进发动机中存在的超高温工作环境

国内外的许多公司、高校和研究机构都致力于超高温恶劣环境下的力学参数传感及测试系统研究，根据材料的不同，其大致可以分为基于硅（Si）材料的高温压力传感器、基于碳化硅（SiC）材料的高温压力传感器、基于石英的高温压力传感器、基于陶瓷的高温压力传感器等。而根据压力传感器的工作原理不同，其大致又可以分为压电式高温压力传感器、压阻式高温压力传感器、电容式高温压力传感器、光纤高温压力传感器等。随着我国发动机研制的自主化，面向超高温等极端恶劣环境的传感器研究也在国内各大研究机构兴起，不同材料的高温压力传感器具有不同的工作温度范围及响应性能，以下是针对当前国内外当前的研究情况，从典型耐高温材料的视觉角度对不同材料的高温压力传感器进行概述分析。

1.2.1 基于 Si 的高温压力传感器

传统高温压力传感器是以硅为基底材料的，因为硅材料具有相对成熟的加工工艺及较低的成本。虽然硅压力传感器具有精度高、温度系数小的优点，但是由于以下一些原因使得基于 Si 的高温压力传感器无法应用于较高的温度环境中：① 硅材料的机械性能在较高的温度环境中将发生退化；② 在高温极易氧化及腐蚀的环境中，硅材料不稳定，易发生化学反应；③ 硅材料的禁带宽度较窄，高温性能较差。P-N 结隔离应变电阻和衬底普遍应用于传统的扩散硅压阻式压力传感器，而 P-N 结漏电流随着温度升高急剧增大，当工作温度超过 120 ℃，传感器本身的敏感特性失效或者严重恶化，无法应用于较高温度环境。Gridchin 等所研制的多晶硅压阻式压力传感器其工作温度范围为 −190～300 ℃。Liu 等对提出的纳米多晶硅膜的压力传感器进行了测试，工作温度达到 200 ℃。

为了克服硅材料在高温环境中的局限性，进一步提高传感器的工作温度，研究者们采用掺杂多晶硅膜作应变电阻。因为以 SiO_2 介质隔离取代 P-N 结隔离，形成单晶硅绝缘体上硅（Silicon on Insulator，SOI）结构。在高温环境下传感器的漏电最少，减小了能量损耗，进而提高了传感器的工作温度范围。同时，由于多晶硅的应变系数较大，传感器的灵敏度指标也得到了提高。SOI 单晶硅压力传感器的结构虽然与多晶硅压力传感器的结构相似，但是 SOI 传感器具有良好的高温性能和灵敏度，传感器的应用温度最高可以达到 600 ℃。这种材料弥补了传统硅材料的不足，成为新型高温压力传感器理想材料之一，很多的适用于恶劣环境的器件都使用这种材料作为晶圆材料。图 1-4 为美国 Kulite 公司研制的基于 SOI 的高温压力传感器，其采用 BESOI 技术作为支撑，传感器可以持续在 550 ℃高温环境中工作，瞬态最高工作温度为 600 ℃，量程为 1.7～210 bar，非线性度和迟滞为±0.1%FSOBFSL。除此之外，国外研究者还以蓝宝石为绝缘衬底材料，通过异质外延生长多晶硅薄膜构成蓝宝石上硅（Silicon on Sapphire，SOS）结构，SOS 压力传感器最高工作温度可达 350 ℃。但是 SOS 压力传感器存在加工工艺复杂、蓝宝石衬底成本高、蓝宝石与硅晶格匹配问题导致的成品率差及不能长期稳定应用等缺点，目前在高温领域的应用前景不好。

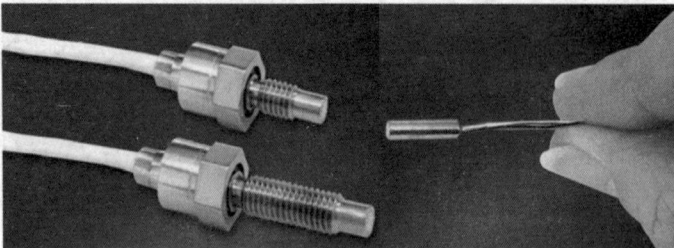

图 1-4　美国 Kulite 公司生产的 SOI 高温压力传感器[2]

国内方面，江苏大学、西安交通大学、厦门大学、沈阳仪表科学研究院等科研院所也开展了基于 Si 的高温压力传感器研究，并取得了一定的研究成果，如：江苏大学研制的压阻式高温压力传感器其工作温度范围可以达到 −40～220 ℃，量程可以达到 0～40 MPa；西安交通大学所研制的高温压力传感器可以经受 1 000 ℃高温环境 500 ms 的瞬时高温冲击，如图 1-5 所示。

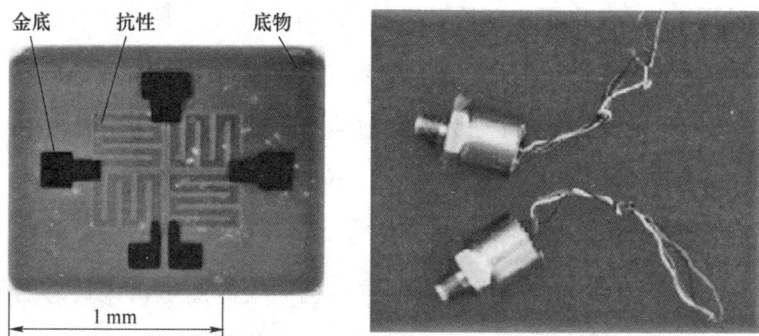

图 1-5　西安交通大学研制的 SOI 高温压力传感器[3]

1.2.2　基于 SiC 的高温压力传感器

SiC 材料是一种宽带隙半导体材料，具有优异的热、机械和化学性能，可应用于高温环境中，目前发现 SiC 存在 170 多种多型结构体，工程上得到应用的主要有 3C-SiC、4H-SiC、6H-SiC 三种，它们已经逐渐被应用于高温压力传感器的制备。例如：早在 20 世纪 90 年代 Ziermann 和 VonBerg 等就以 3C-SiC/SOI 为基底材料研制出了一种压阻式高温压力传感器用于检测汽油机燃烧室压力，从而可以起到优化燃烧参数、提高效率的作用，但由于其只有部分基底材料为 SiC 材料，工作温度只能达到 400 ℃。随着 4H-SiC 材料及加工工艺技术的逐渐发展，传感器的材料逐渐由全 SiC 材料代替。库利特公司的 Joseph S.Shor 研究了 n 型 6H-SiC 材料的压阻特性和温度的关系，n 型 6H-SiC 的电阻和温度在常温到 600 ℃范围内是一个单调关系，并且温度系数较小，这也是 SiC 基压阻型力学参数传感器通常可以在 600 ℃温度以下范围内工作的一个原因。Darrin J.Young 研究团队研制出了以 3C-SiC 为敏感材料的电容薄膜高温压力传感器，该传感器的工作温度可达 400 ℃，在 1 100~1 760 torr①测压范围内，线性度为 2.1%，灵敏度为 7.7 F/torr，迟滞为 3.7%。由于传感器材料在高温环境中的热膨胀系数不匹配，使得传感器的在高于400 ℃的高温环境中失效。在此基础上，美国凯斯西储大学的 Chen 等提出完全采用 SiC 材料来实现高温压力传感器的制备，传感器的最高温度可以达到600 ℃。法国 LETI 研究所和斯伦贝格公司合作开发了一种基于 SiC 材料的压阻式压力传感器，通过对真空腔体从外部进行防护，可以实现 500 ℃高温环境下的压力测量。法国 LETI 研究所在前期的研究基础上，研制出 SiC 电容式高温压力传感器，其工作温度可达 600 ℃，量程可达到 65~145 kPa，灵敏度 1 pF/100 kPa，非线性精度＜1%FS。NASA Glenn 研究中心研发的压阻式 SiC 基推力传感器应用于涡轮发动机的喷流测试，该传感器使用了6H-SiC 材料，由于同样类似的限制该器件最高使用温度不超过 600 ℃，如图 1-6 所示。

图 1-6　SiC 高温压力传感器应用于涡轮发动机喷流测试[4]

---

① 1 torr = 133.322 368 4 Pa。

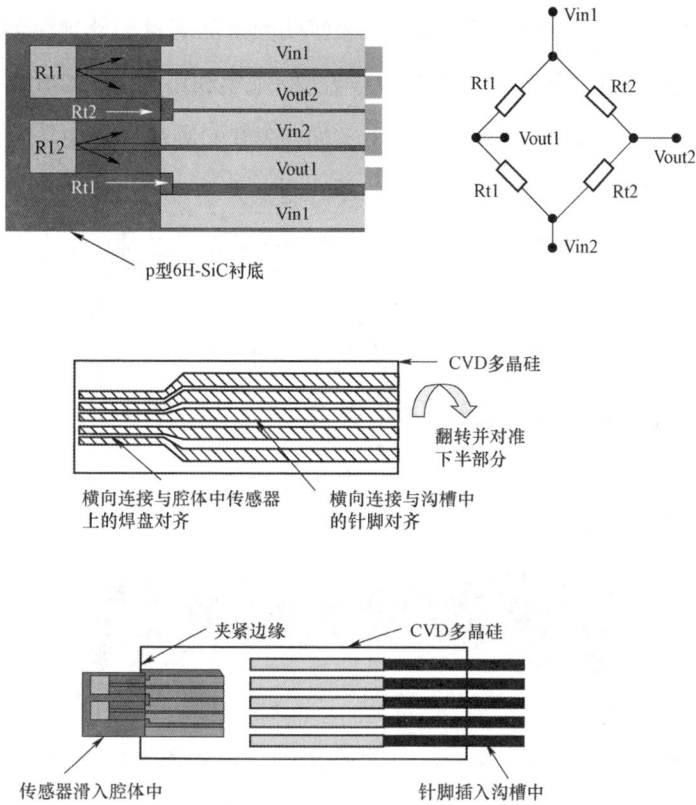

图 1-6　SiC 高温压力传感器应用于涡轮发动机喷流测试[4]（续）

美国 NASA 格伦研究中心在前期的研究基础上研制出应用于发动机状态检测的基于 SiC 材料的压阻式压力传感器，如图 1-7 所示，其工作温度高达 600 ℃，灵敏度为 0.03～0.05 mV/Psi。

图 1-7　美国 NASAGlen 研究中心研制的 SiC 压阻式压力传感器[5]

国内方面，关于 SiC 的研究多处于前期的单晶制备和外延、刻蚀等器件制作工艺的研究上。西安电子科技大学在 2001 年利用 Si 与 3C-SiC 材料制作了薄膜高温压力传感器，其可以实现室温～200 ℃高温环境中压力的测试，传感器的结构如图 1-8 所示。在 2007 年，北京大学研制出可应用于普通压力传感器的 SiC 薄膜。在 2011 年，清华大学在前期已经对环境为 400 ℃时的 6H-SiC 压阻式高温压力传感器的 SiC 制作工艺和芯片设计进行了前期研究和探索。除此之外，中北大学等也在基于 SiC 的高温压力传感器方面做了一些相关研究。但目前国内尚未报道可应用于 600 ℃以上的基于 SiC 高温压力传感器。

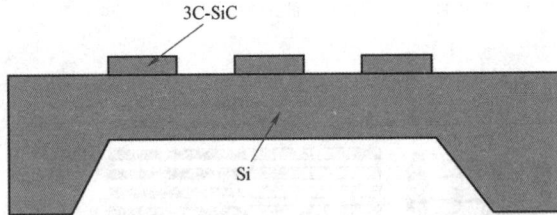

图 1-8　西安电子科技大学设计的单晶 3C-SiC 薄膜高温压力传感器结构[6]

1.2.3　基于石英的高温压力传感器

基于石英的高温压力传感器主要分为基于压电效应的高温压力传感器与光纤高温压力传感器两种。石英由于其良好的压电特性，是最早发现且应用于传感器制作的压力材料，德国 Kistler 公司生产的 6125B 系列压电式高温原理传感器可在滚压系统和冲击系统中用于静态和动态压力的测量，工作温度范围约为 350 ℃，灵敏度约为 16 Pc/bar，量程 0～250 bar，固有频率约为 75 kHz，如图 1-9（a）所示。瑞士 Vibro-Meter 公司研制的 CP231 型高温压电式压力传感器采用了先进的高温热处理技术，以及电子束焊接和真空技术，大大提高了传感器性能，工作温度约为 500 ℃，灵敏度为 59 Pc/psi，量程为 0～20 bar，频响为 2～10 kHz，如图 1-9（b）所示。

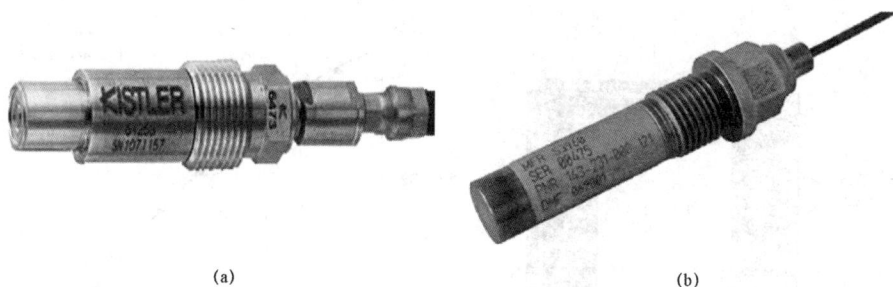

(a)　　　　　　　　　　　　　　　　(b)

图 1-9　基于石英的高温压力传感器

（a）6125B 系列高温原理传感器；（b）CP231 型高温压力传感器

　　Wang 等制作了全石英结构的膜片式光纤 EFPI 传感器，膜片、光纤与毛细管之间采用二氧化碳激光或者光纤电弧熔接的方法，该高温压力传感器可以在高于 600 ℃的高温下使用。Zhu 等采用化学湿法刻蚀多模光纤的纤芯加工空心光纤，并采用光纤熔接机和精确切割在单模光纤端部加工全石英的法珀腔实现 700 ℃范围内的压力传感。Ceyssens 等采用薄膜技术和聚焦离子束加工技术在光纤端部加工一个法珀腔，实现了 600 ℃下的压力测量。Ma 等采用熔接方式在光纤端部研究了一种光纤微腔，实现了 600 ℃下的压力测量。Bremer 等采用熔接方法研发了一种全硅的光纤法珀/布拉格光栅集成传感器，实现了内燃机排气管 800 ℃尾气压力的测量。Xiao 等采用飞秒激光加工和熔接技术在光纤端部加工了密封的法珀腔实现高温压力测量，该传感器在700 ℃范围内有较好的线性度。

1.2.4　基于陶瓷的高温压力传感器

　　早在 1999 年，美国佐治亚理工学院的 Jennifer M.English 和 Mark G.Allen首次提出一种基于陶瓷的高温压力传感器。如图 1-10 所示，该传感器可以近似看作是一个由电感和电容组成的 LC 谐振器，其中，电容由一个密封的空腔与两个电容极板组成，空腔由陶瓷烧结而成，且空腔两个基板都是受力后可弯曲的 LTCC（低温共烧陶瓷技术）陶瓷材料，通过丝网印刷工艺在陶瓷基板上印刷了电容的金属层及与之互联的电感金属线圈。当环境压力增大时，陶瓷空腔由于受力弯曲，极板间距减小，电容增大，导致 LC 谐振器谐振频率降低，从而实现压力的传感。

（a）

（b）

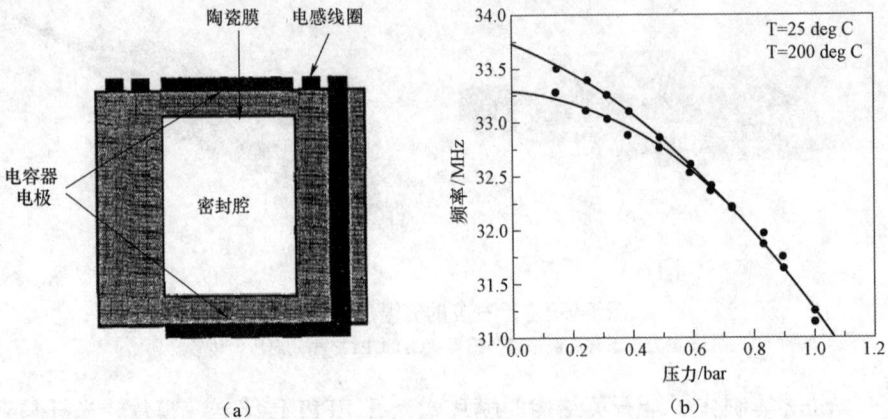

图 1-10　Jennifer M.English 首次提出的基于陶瓷的压敏结构及测试结果[7]
（a）结构示意图；（b）谐振频率测试结果

　　由于制作电感和电容的衬底材料是耐高温的陶瓷材料，所以可以应用于高温测试，谐振频率的改变由读取端的电感天线阻抗参量变化进行读取，因而无须引线至敏感头工作的高温区域。该传感器结构在常温环境和 200 ℃都进行了测试，常温环境下 0～100 kPa 范围内具有较高的灵敏度。200 ℃时传感器的压力性能也作了测试，只是在零点和迟滞上效果不是很理想。2002 年，M.A.Fonseca 和 J.M.English 在前期研究工作的基础之上，对原有的结构进行了优化和重新设计，并将传感器在常温和 400 ℃高温环境下进行了测试，压力测试范围为 0～7 bar，传感器灵敏度为 –141 kHz/bar，精度为 24 Mbar。改进后的无线无源压敏结构及特性测试结果如图 1-11 所示。

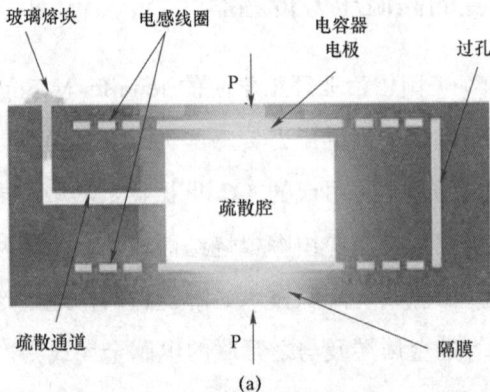

（a）

图 1-11　M.A.Fonseca 改进后的无线无源压敏结构及特性测试结果[8]
（a）嵌入式电路陶瓷压力传感器示意图

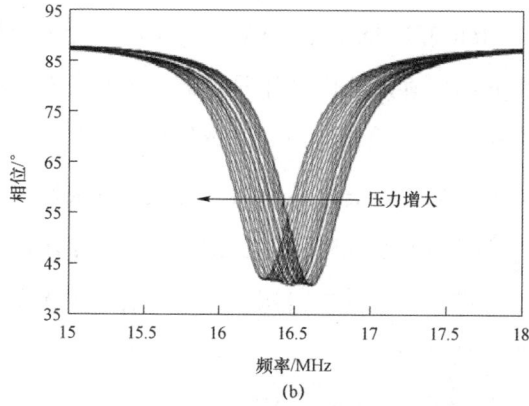

(b)

(c)

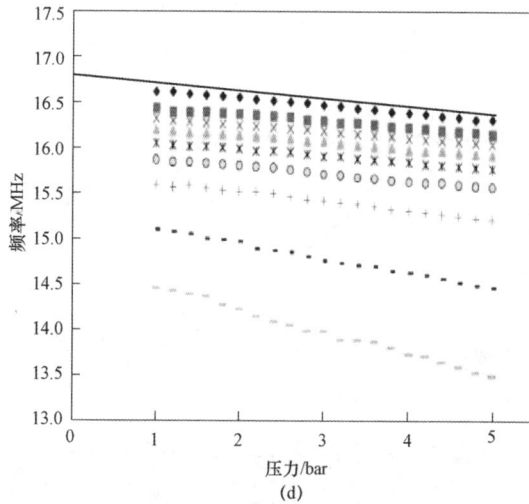

(d)

图 1-11 M.A.Fonseca 改进后的无线无源压敏结构及特性测试结果[8]（续）

（b）陶瓷压力传感器在室温下 0～7 bar 压力范围内的无线线圈相位；（c）带有银屏印刷导体的
陶瓷压力传感器俯视图；（d）陶瓷压力传感器在不同温度下的压力-频率响应曲线

在 2009 年，Goran J.Radosavljevic 等也对 LTCC 无线无源的压力传感器进行了进一步的研究和探索，他们设计并研制了一种嵌入式的 LC 谐振器工艺，在常温环境下对 LC 无线无源压敏传感结构进行了灵敏度和线性度的优化和改进，压力测试结果可以看出传感器具有较好的灵敏度及线性度，且嵌入式的结构使得陶瓷对电性能元件起到包封作用，减小了恶劣环境对线圈的影响，但他们并没有进行高温性能测试。改进后的无线无源压敏结构的实物图及测试结果如图 1-12 所示。

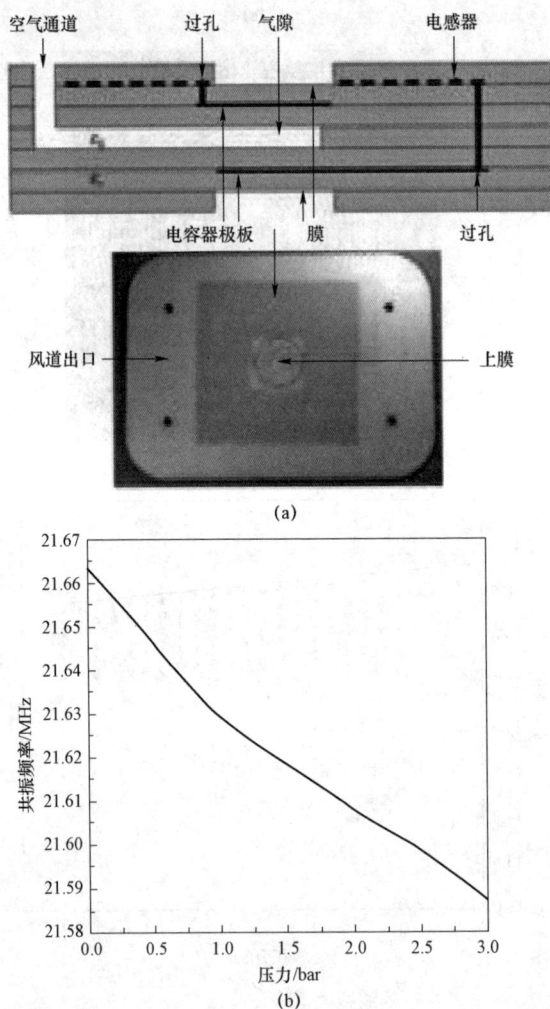

(a)

(b)

图 1-12　Goran J.Radosavljevic 改进的无线无源压敏结构及测试结果[9]

（a）结构示意图；（b）压力测试结果

国内方面，在前人的研究基础上，中北大学在 2011 年开始对基于 LTCC
的高温压力传感器进行研究，该传感器的实物图及测试结果如图 1-13 所示。
LTCC 工艺技术的引进很大程度上解决了传感器制作工作方面的复杂性，减
小了加工难度，大大提高了传感器的制备时间及效率。相比于前述的 LTCC
高温压力传感器，在室温环境下其具有较高的灵敏度及分辨率，但是没有对
其高温响应性能作进一步分析研究，且传感器的电容、电感结构设计参数有
待优化，线性度及灵敏度有待进一步提高。

(a)

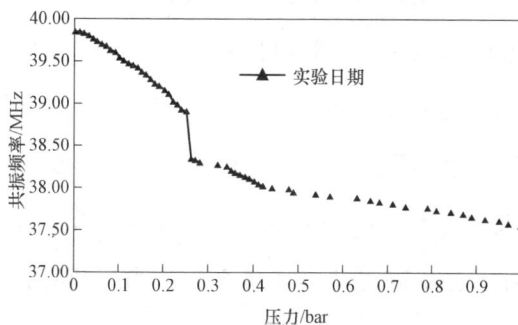

(b)

图 1-13　中北大学研制的 LTCC 高温压力传感器及测试结果[10]
（a）传感器实物图；（b）压力测试结果

　　综上所述，当前国内外的研究机构都在超高温恶劣环境下的压力传感进
行了大量的研究和探索，主要集中在新型的耐高温敏感材料，针对特殊材料
的结构制备工艺，以及不同种类的信号传输与提取方式上。但大多是在传统
压阻式压力传感器设计和制造的基础上进行了不同程度的工艺及结构的改进
和优化，很难突破温度和噪声的限制，研究出在高温环境下仍能保持良好压

力敏感性能的传感器件，表 1-1 列举了国内外当前主流的高温压力传感研究情况。

表 1-1 当前国内外高温压力传感研究情况简表

	器件材料	敏感方式	信号提取方式	最高工作温度	应用工作温度
国外	SOI	压阻	有线	600 ℃	500 ℃
	碳化硅	电容	有线	600 ℃	400 ℃
	石英	压电	有线	500 ℃	500 ℃
	石英	光纤	有线	700 ℃	600 ℃
国内	SOI	压阻	有线	300 ℃	200 ℃
	碳化硅	电容	有线	400 ℃	300 ℃
	石英	光纤	有线	300 ℃	200 ℃

从表 1-1 中可以看出，当前可以成熟应用的耐高温传感器件的最高工作温度均不超过 600 ℃，主要原因还是传感器件本身的耐高温性能达不到要求，在超高温环境下原有的传感结构将失稳，例如，基于硅的压阻式高温压力传感器在温度超过 600 ℃时,材料本身会发生塑性变形和电流泄漏，导致后端信号处理和电路系统的功能失调。压电式的晶体材料都有居里点，超过居里点温度也会导致材料压电特性失效。接触式电容结构在温度超过 600 ℃时材料本身也会发生塑性形变，导致电容膜片传感结构损害而无法敏感压力。针对当前高温恶劣环境下的压力传感存在的上述问题，急需解决在高温环境下可以保持力学性能的耐高温材料作为传感器的衬底材料。SiC、高温陶瓷、蓝宝石等高熔点材料在高温环境下具有较好的机械性能，利用这些材料实现耐高温弹性敏感结构的制备是一个明显的技术优势，且由于它们研究工艺成熟度的逐渐增加，使用这些材料来实现耐高温压敏元件的制备是大势所趋，将满足不断增长的重大工程测试需求。

1.3　面向高温恶劣环境的无线传感技术研究情况

电容式压力传感器的检测电路较为复杂，传感器与连接线路的寄生电容和热传导问题将严重制约它的应用。目前面向高温恶劣环境的无线传感技术主要有 SAW 无线传感技术、微波散射无线传感技术，以及射频 LC 无线传感技术，不同的传感技术存在各自的优缺点。以下是针对当前国内外当前的研究情况，从无线传感的视觉角度对不同的无线传感技术进行概述分析。

1.3.1　SAW 无线传感技术

所谓的声表面波（Surface Acoustic Wave，SAW）是一种延物体表面传播的弹性波。它最早是在 19 世纪 80 年代由物理学家瑞利提出的。声表面波主要是通过监测材料的物理特性变化来实现无线感的。外界环境的变化导致材料的物理特性发生变化，物理特性的变化将通过压电效应转化为电信号的变化。无源 SAW 传感器的工作原理则是当频率信号发射到传感器表面，而传感器材料的物理特性受外界影响而发生变化，进而改变反射波的频率信号，通过检测分析反射波频率信号的变化可以得出外界环境的变化。声表面传感器的一个最大优势是其可以实现无线非接触测试。根据其工作原理的不同无源 SAW 传感器通常可以分为延迟线型声表面波传感器［其结构示意图如图 1-14（a）所示］和谐振型声表面波传感器［其结构示意图如图 1-14（b）所示］两类。图 1-14（c）为无源 SAW 传感器的工作原理，首先当 IDT 接收到询问机发射的能量时，电信号则转化为声波信号并传输给反射栅，待反射栅作出响应之后，再次将回波信号传输给天线，然后天线则将回波信号转化为电信号通过无线方式发射出去，最后询问机无线接收天线的发射信号从而实现恶劣环境下的无线非接触传感。

目前，国外已经有大量对无源 SAW 传感技术的报道，例如，美国缅因大学所研制的基于 SAW 无线传感技术的无源 SAW 温度传感器和无源 SAW 高温压力传感器，如图 1-15 所示。从图中可以看出 SAW 温度传感器可以实现 925 ℃

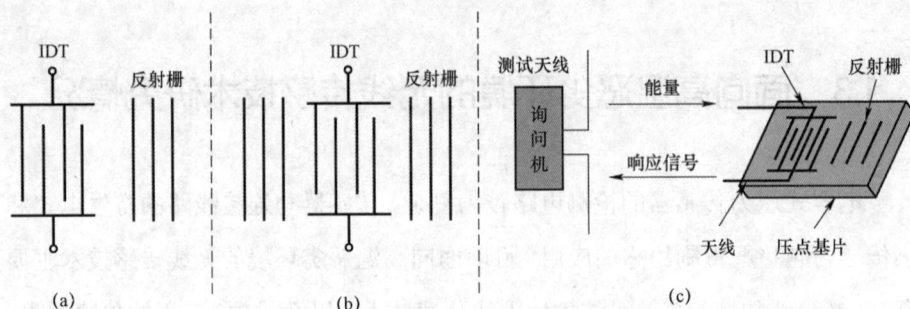

图 1-14　无源 SAW 传感器

（a）延迟线型声表面波传感器；（b）谐振型声表面波传感器；

（c）无线传感系统工作原理示意图

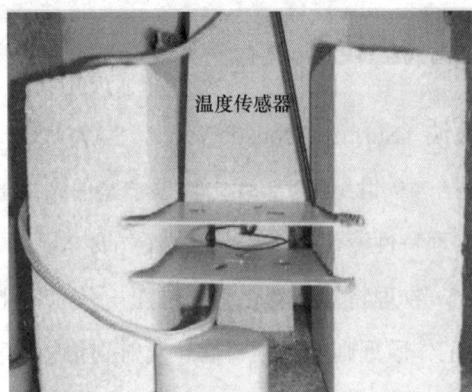

(a)

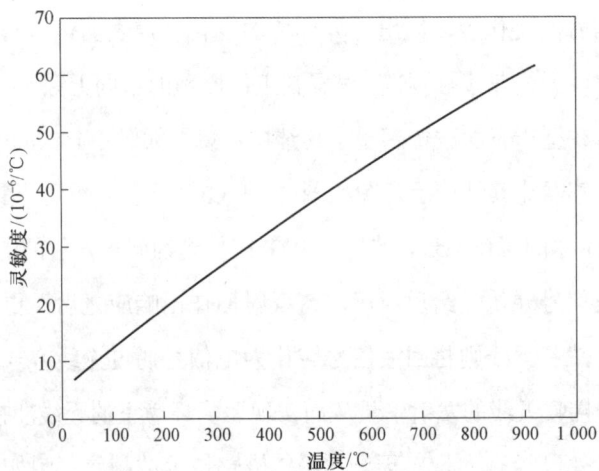

(b)

图 1-15　美国缅因大学研究的 SAW 温度传感器与压力传感器及其测试结果[11-13]

（a）温度传感器实物图；（b）温度测试结果；

(c)

(d)

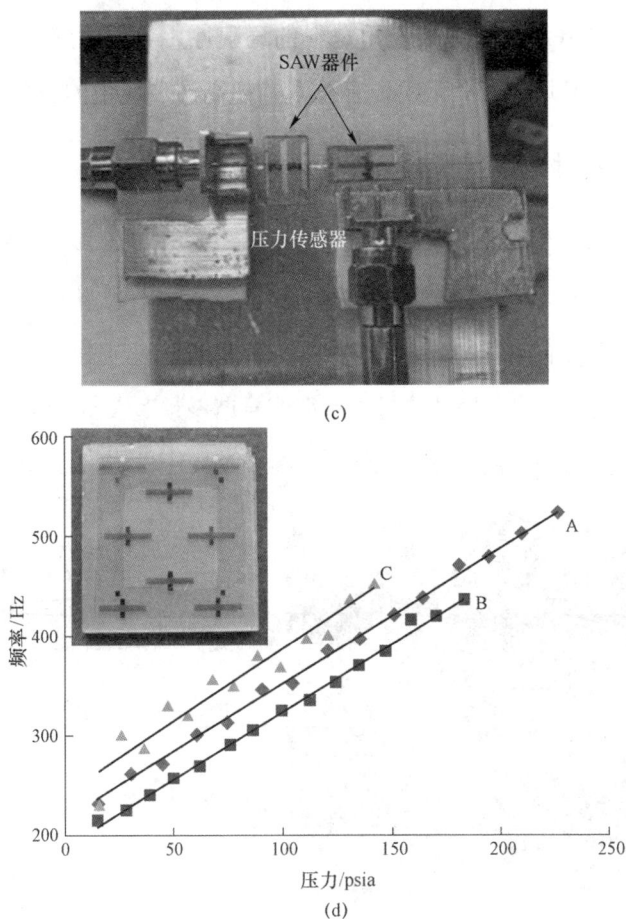

图 1-15 美国缅因大学研究的 SAW 温度传感器与压力传感器及其测试结果[11-13]（续）

（a）压力传感器实物图；（b）压力测试结果

高温环境中的温度测试，其灵敏度可以达到 50 ppm/℃；SAW 高温压力传感器其工作温度可以达到 500 ℃，灵敏度可以达到 1.5 kHz/psia。除此之外卡耐基梅隆大学利用这种无线传感技术研制了一种基于 LGS/ZnO 基底的无源氧气传感器，其最高工作温度可以达到 650 ℃。

国内也有许多单位正在从事 SAW 无线传感技术方面的研究，并取得了一定的研究成果，但目前所制备的 SAW 器件大多是针对常温环境下的应用，面向大于 300 ℃高温环境的 SAW 无源耐高温器件尚未见报道。

尽管无源 SAW 高温压力传感器可以实现高温环境下的压力的原位测试，

但由于较高的工作频率，以及压电材料的局限性，导致传感器不能应用于较高的温度环境。因此，SAW 无线传感技术在超高温环境中的应用是不可行的。

1.3.2 微波散射无线传感技术

微波无源散射技术是近些年兴起的一种无线传感技术，其主要面向高温恶劣环境应用。它最早是在 2008 年由 Hervé Aubert 研究团队首次提出的。基于微波散射的无源器件有两种信号读取方式：一种是通过测回波信号的 RCS 值来实现测试，另一种是通过测回波信号的特征信号谐振频率来实现测试。图 1-16 为法国图卢兹大学研制的微波散射无源传感器及全局压力传感器等效电路。

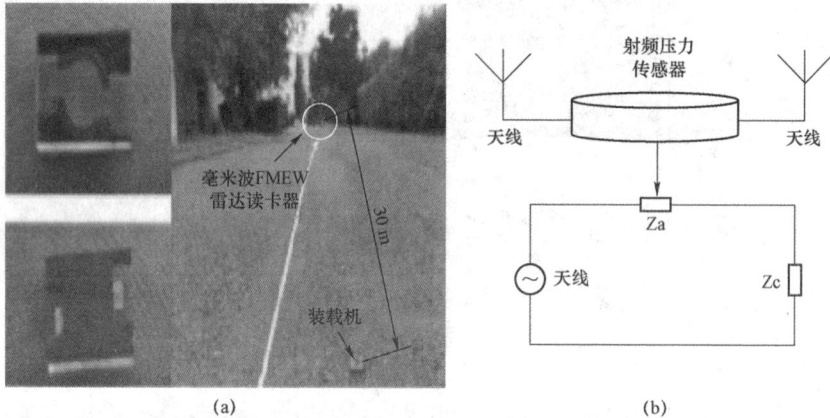

图 1-16 Hervé Aubert 研究团队研制的微波散射无源传感器及其等效电路[14]
（a）微波散射无源传感器实物图；（b）等效电路图

从图中可以看出传感器的无线工作距离较远，可以达到 30 m，但由于天线的复杂及系统的庞大使得其无法应用于高温环境。为了使得传感器可以工作于高温环境下，Rolf Jakoby 研究小组研究了一种改进的基于微波散射无源温度传感器并通过优化测试天线，使得传感器可以实现高温环境下温度的无线测试，传感器的无线工作距离可以达到 8 m，且可以稳定工作于 400 ℃高温环境中，传感器的实物图及测试结果如图 1-17 所示。在此基础上，Gong Xun团队通过使用同样的无线传感器技术以 SiAlCN 为基底材料实现了可以工作于 800 ℃高温环境的无源压力传感器，其可以实现 0～500 N 范围内的压力测试；以氧化铝陶瓷为基底材料实现了可以工作于 500 ℃高温环境的无源温度传感器，其灵敏度可以达到 0.58 MHz/℃。但是传感器的无线工作距离较短，Q 值[①]较低损耗较大，且传感器测试天线的实现较为困难。

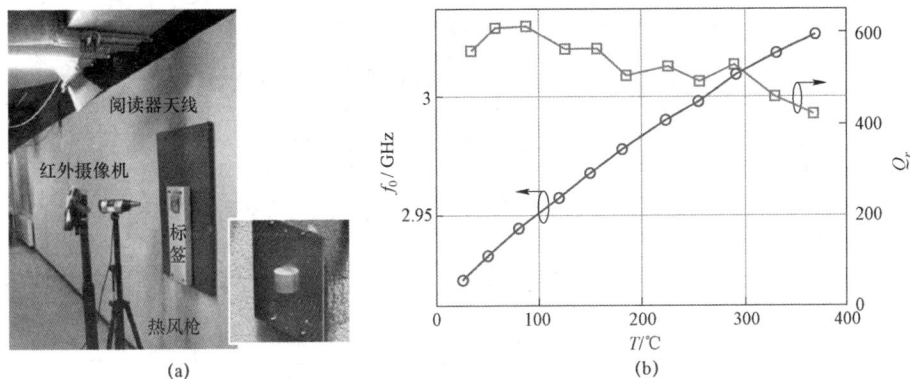

图 1-17　无源微波温度传感器及其测试结果[15]
（a）无源微波温度传感器实物图；（b）温度测试结果

1.3.3　射频 LC 无线传感技术

无源射频 LC 无线传感技术是一种近场耦合技术，其不依赖于互联线传输信号，主要是通过电感线圈之间的共振耦合来实现无线传感，无线传感测试系统包含测试部分与传感器两个必不可少的两部分，如图 1-18 所示。图 1-18（b）右侧为工作于恶劣环境的传感单元，由一个电感 L_2 和可变电容 C_2 串联组成，R_2 为电感线圈上的等效直流电阻，L_2 和 C_2 组成一个串联的谐振回路，该回路有一个固有的电谐振角频率 ω_0、频率 f_0；图 1-18（b）左侧为读取天线端，其等效为一个电感 L_1 和一个电阻 R_1 串联组成（其中，R_1 为电感线圈上的等效直流电阻）当在信源 U_1 处给以扫频的正弦交变激励，将在右侧闭合传感器 LC 谐振回路上感应相应的同频电动势，如果传感器谐振回路的固有谐振频率在源端扫频信号的频率区间内，传感器将产生谐振，通过对读取天线端阻抗 Z_{eq} 的实部和相频特性进行特征提取，将可以获取右端传感器 LC 谐振回路的谐振频率变化规律，进而可以间接地实现恶劣环境中参数的原位测试。

————————

① Q 值：品质因数，Quality Factor。

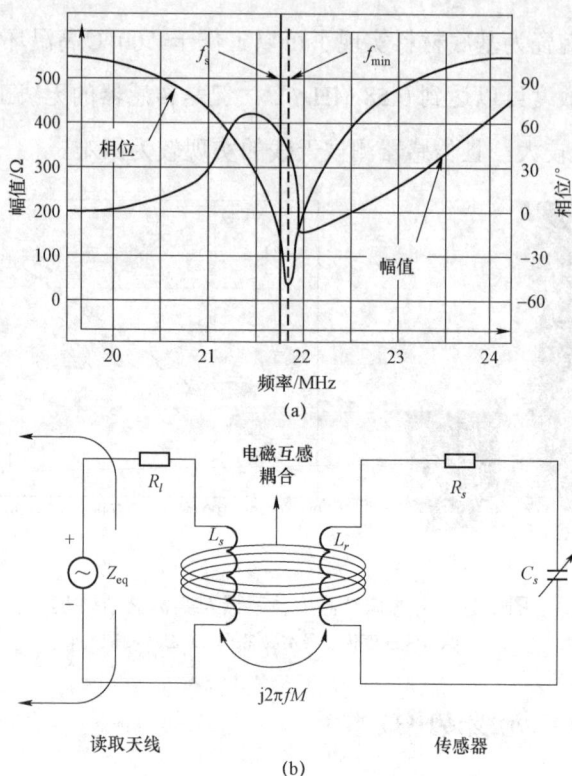

图 1-18　射频谐振式互感耦合原理图
（a）厚位测试结果；（b）测试系统示意图

　　无线无源 LC 谐振传感器的研究已涉及对压力、温度、湿度、气体和物质生化特性的检测应用中。国外已经有大量的文献关于无源射频 LC 传感技术在生物医学方面的应用。例如，英国利物浦大学的研究人员面向腹主动脉瘤囊内的血压监测，对采用生物体兼容防水材料和 MEMS 工艺实现的无线无源压力传感器进行了建模仿真分析，获得了高达 42.85 kHz/mmHg 的传感器灵敏度。美国加州理工学院 Yu-Chong Tai 研究小组通过无线读取电容变化的原理设计并制作出测量眼压的可植入传感器，可用于在做外科手术时持续测量青光眼患者的眼压，其灵敏度可以达到 205 kHz/mmHg，分辨率小于 1 mmHg，所研制的传感实物及测试结果如图 1-19 所示。但是传感器目前只能在 1 cm 距离处无线测试到电容变化信号，还需要进一步研究提高无线读取距离。

(a)

(b)

(c)

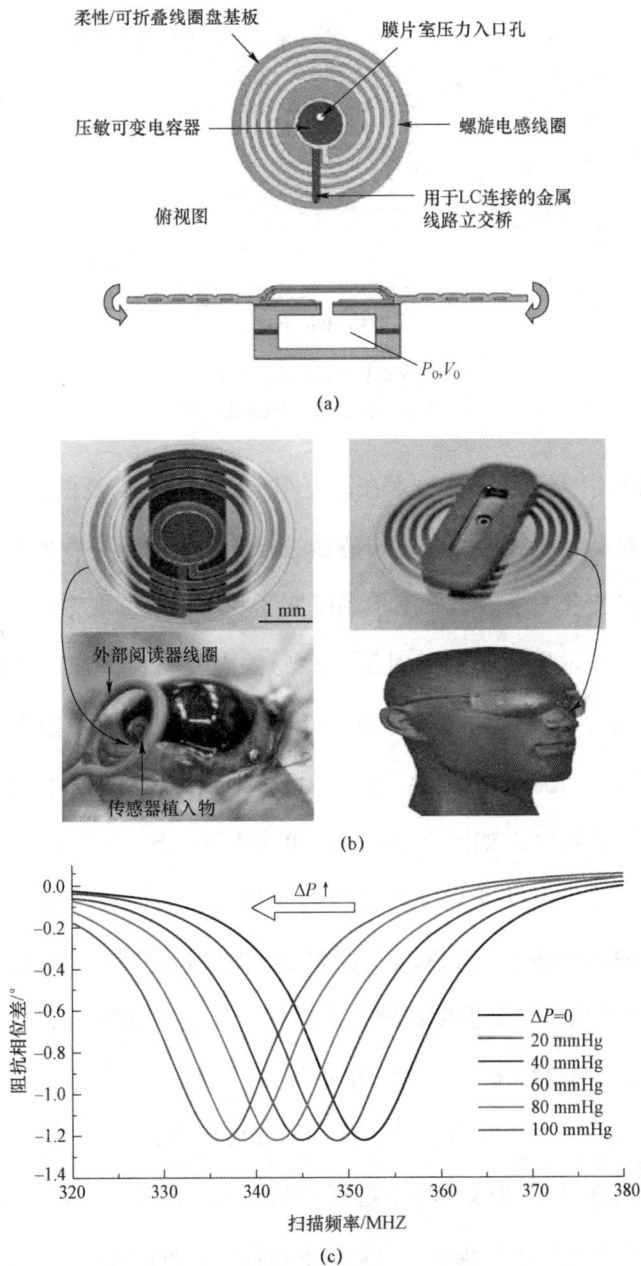

图 1-19　无源 LC 眼压传感器[64]

（a）传感器结构示意图；（b）传感器实物图；（c）不同压差下测试结果

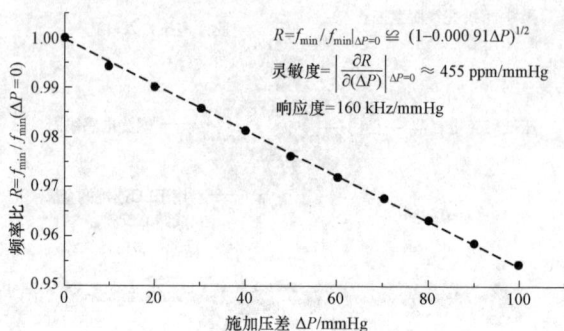

图 1-19　无源 LC 眼压传感器[16]（续）

（a）不同压差下频率比

目前，LC 射频无线传感技术在温度测量方面也有广泛的应用，国内外也有大量文献对基于无线无源温度传感器进行了大量的报道。例如，美国马亚圭斯校区波多黎各大学的机械工程系研究了利用无线读取方法测试高温环境下的温度，其基本原理是利用对温度敏感的陶瓷材料制作成电容，温度变化引起电容的变化，从而使得测试端 LC 谐振电路的谐振频率变化，其可以在 2.5 cm 距离处测试到电容变化信号。目前使用电容的陶瓷材料可以最高测试到 235 ℃的温度，如图 1-20（a）和图 1-20（b）所示。国内方面，中北大学等单位也在从事无源 LC 温度传感器的相关研究，并取得了一些研究成果，所研究的基于 LTCC 的无源 LC 温度传感器其工作温度可以达到700 ℃，所研究的氧化铝温度传感器其温度可以达到 900 ℃，传感器的结构及测试结果如图 1-20（c）至图 1-20（e）所示[17-18]。

除了在高温压力、生物医学、温度无线传感方面的应用，无线无源 LC传感器还应用在其他特殊环境下进行结构应力、湿度、气体及 pH 的检测，且大量的研究表明其在这些参数的测试中具有优异的表现。美国普度大学研制出一种用于放射检测的无线无源传感器，其灵敏度可以达到 11.45 kHz/kR，图 1-21 为传感器的截面结构及测试结果。

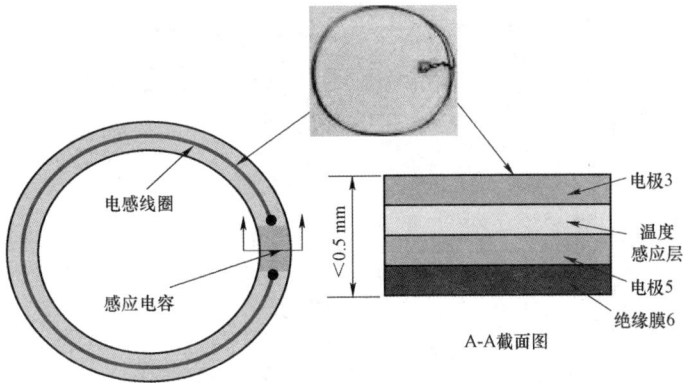

(a)

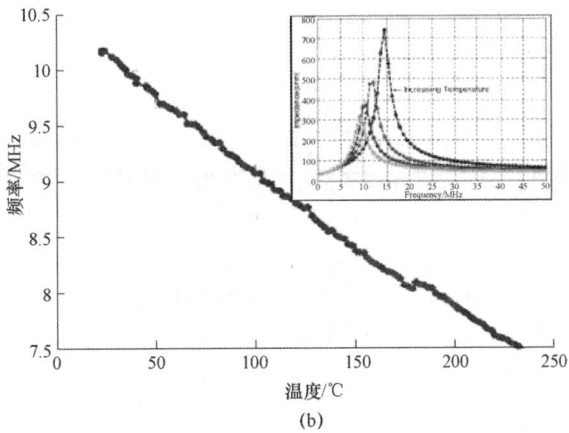

(b)

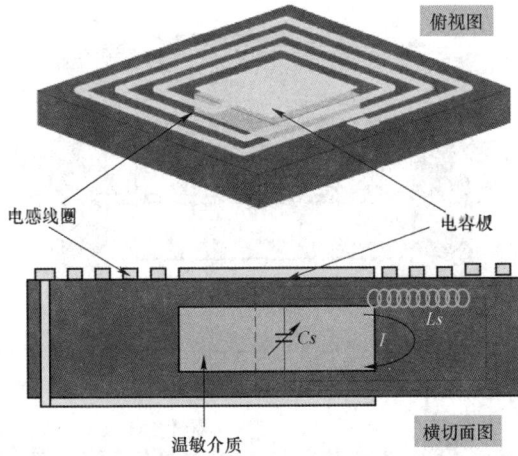

(c)

图 1-20 无源 LC 温度传感器

（a）美国波多黎各大学研究的传感器结构图；（b）美国波多黎各大学研究的传感器温度测试结果；
（c）中北大学研究的传感器结构图

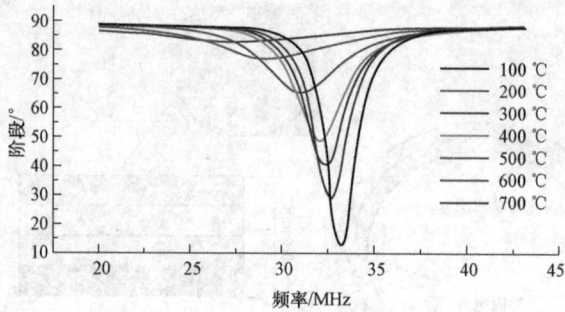

(d)

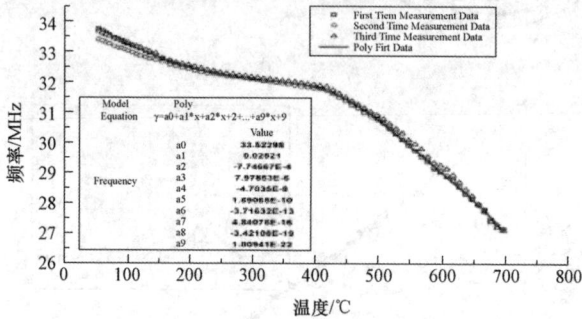

(e)

图 1-20　无源 LC 温度传感器（续）

（d）中北大学的研究

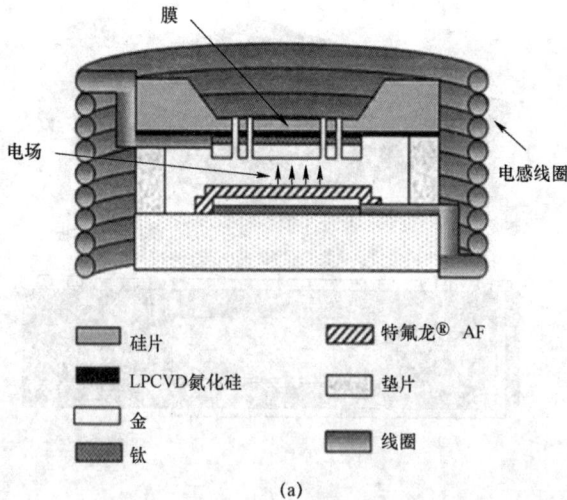

(a)

图 1-21　无线无源辐射量检测传感器截面图及其特性测试曲线[19]

（a）传感器截面图；

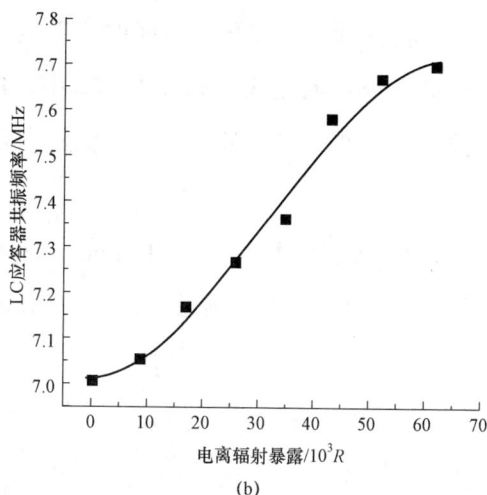

(b)

图 1-21 无线无源辐射量检测传感器截面图及其特性测试曲线[19] （续）

（b）传感器特性测试曲线

由于无源 LC 传感器结构简单且易于实现，如果将典型的耐高温材料与无源射频 LC 传感技术结合实现无源 LC 耐高温压敏元件的研制，将存在很高的应用前景，可期实现较高的温度环境进行压力参数的原位测试。

综上所述，由于高温环境下电引线将失效，欧姆接触将失效，当前国内外的研究机构对无线无源非接触的信号提取进行了大量的研究和探索。高温环境中得以应用的无线读取方式可以简单地分为：SAW 无线传感技术、微波散射无线传感技术、射频 LC 无线传感技术等。但是，SAW 无线传感技术的应用主要是面向压电效应的，因此受压电材料应用的局限性，SAW 无线传感技术将不能应用于较高的温度环境中的压力传感器的实现；微波散射是近些年提出的一种新的无线传感技术，其耦合距离较远，但其工作频带较高，噪声较大，测试天线制作工序较为复杂。如果基于微波散射的高温压力传感器满足：① 高温环境下工作时信号噪声较小；② 在高温环境下其谐振腔具有高温可弹性。其将可能实现较高温度环境下的压力测试；射频无线 LC 传感技术已经相对成熟，其工作频率相对于微波散射传感器较低，噪声较小，构造及特征信号的读取方式简单。其在生物医学上的应用已经很广泛，目前其在高温环境方面的应用也逐渐增多，是一种很有前景的可应用于高温环境的无线传感技术。其中，LC 无线无源高温压力传感器的关键技术难点在于以一种典型耐高温材料实现 LC 压敏结构的制备。

本书将以 LC 射频无线传感技术为基础，Dupont 951 陶瓷、氧化铝陶瓷及蓝宝石作为典型耐高温材料来实现射频无源 LC 耐高温压敏元件的制备。

第2章　无源耐高温压敏元件
相关基础理论研究

在研究无源耐高温压敏元件之前，首先对本章所涉及的近场无线互感耦合基本理论作相应的分析和深入的研究，并阐述了射频谐振式无源耐高温压敏元件的无线传感机理；然后具体从电感元件及压敏电容元件的模型建立与分析着手展开详细的分析讨论，为后续耐高温压敏元件的设计、理论计算、测试结果分析及进一步优化设计等提供理论基础。

2.1　无源 LC 压敏元件可变电容无线读取基本原理

2.1.1　平面螺旋电感线圈互感耦合基本原理

根据法拉第电磁感应定律可以得出，当两个距离不远的线圈，其中一个线圈所通过的电流 i_1 发生改变时，在其周围产生磁场，而在附近的另一线圈中，将产生感应电流 i_2，这种互感现象是一种常见的电磁感应现象。两平面螺旋电感线圈的互感耦合示意图如图 2-1 所示。

利用载流电感线圈之间通过磁场传输能量的电磁互感耦合原理，实现了能量从发射端电感线圈到接收端电感线圈之间的无线传输。当交流信号通过发射端的电感线圈时会产生变化的磁场，当接收端电感线圈闭合靠近磁场时，受磁场的作用，线圈会产生感应电场从而产生相应的感应电流实现能量的无线传输。根据理想变压器的工作原理，将两个匝数分别是 N_1 和 N_2 的平面螺旋电感线圈 L_1 和 L_2 在距离很近时称之为耦合线圈。

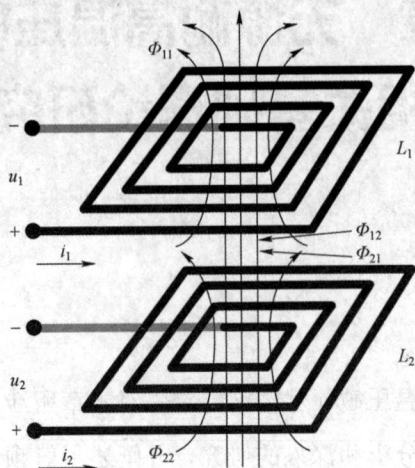

图 2-1　平面螺旋电感线圈互感耦合示意图

（1）线圈 L_1

电流 $i_1 \to$ 磁通 $\Phi_{11} \to$ 磁链 $\Psi_{11} \to$ 自感电压

$$u_{11} = \frac{\mathrm{d}\psi_{11}}{\mathrm{d}t} = N_1 \frac{\mathrm{d}\phi_{11}}{\mathrm{d}t} = L_1 \frac{\mathrm{d}i_1}{\mathrm{d}t} \tag{2-1}$$

电流 $i_2 \to$ 磁通 $\Phi_{22} \to$ 互磁通 $\Psi_{22} \to$ 互磁链 $\Psi_{12} \to$ 互感电压

$$u_{12} = \frac{\mathrm{d}\psi_{12}}{\mathrm{d}t} = M_{12} \frac{\mathrm{d}i_2}{\mathrm{d}t} \tag{2-2}$$

总感应电压：

$$u_1 = u_{11} \pm u_{12} = L_1 \frac{\mathrm{d}i_1}{\mathrm{d}t} \pm M_{12} \frac{\mathrm{d}i_2}{\mathrm{d}t} \tag{2-3}$$

（2）线圈 L_2

电流 $i_2 \to$ 磁通 $\Phi_{22} \to$ 磁链 $\Psi_{22} \to$ 自感电压

$$u_{22} = \frac{\mathrm{d}\psi_{21}}{\mathrm{d}t} = N_2 \frac{\mathrm{d}\phi_{22}}{\mathrm{d}t} = L_2 \frac{\mathrm{d}i_2}{\mathrm{d}t} \tag{2-4}$$

电流 $i_1 \to$ 磁通 $\Phi_{11} \to$ 互磁通 $\Psi_{21} \to$ 互磁链 $\Psi_{21} \to$ 互感电压

$$u_{21} = \frac{\mathrm{d}\psi_{21}}{\mathrm{d}t} = M_{21} \frac{\mathrm{d}i_1}{\mathrm{d}t} \tag{2-5}$$

总感应电压：

$$u_2 = u_{22} \pm u_{21} = L_2 \frac{\mathrm{d}i_2}{\mathrm{d}t} \pm M_{21} \frac{\mathrm{d}i_1}{\mathrm{d}t} \qquad (2\text{-}6)$$

式中，M 为互感系数。通常用耦合系数 k 来描述两电感线圈之间的耦合强度（$k = \dfrac{M}{\sqrt{L_1 L_2}}$，$k>1$，称两个线圈为全耦合；$k \approx 1$，称两个线圈为紧耦合；$k<1$，称两个线圈为松耦合）两电感线圈之间可以通过磁通量的相互转化，实现能量的相互传递，进而为非接触无线测试奠定了基础。

2.1.2　无线耦合信号提取原理及方法

利用两平面螺旋电感线圈之间的电磁互感耦合原理，LC 谐振传感器正常工作时供电，传感器端的谐振信号反馈到读取天线端。本书设计的无线耦合系统的等效电路模型如图 2-2 所示，其中，一个线圈作为接入电源或信号源的输入端，称之为初级线圈回路，为读取天线端；另一个线圈作为接入负载的输出端，称之为次级线圈回路，为 LC 谐振传感器。当初级电路（电感测试天线）有交变电流通过时，电感线圈周围产生变化的磁场，将能量发射出去。次级电路（无源 LC 压敏元件）通过电感线圈感应到变化的磁场，接收能量，开始工作。同理，次级电路（无源 LC 压敏元件）通过磁场以互感耦合的方式将自身的能量信息无线传送至初级电路，进而实现非接触无线测试。

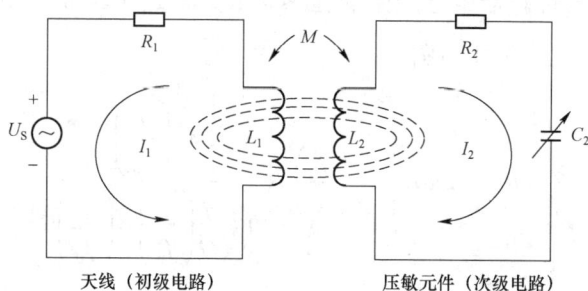

图 2-2　可变电容无线读取电路

当次级电路包含一个可变电容时，如图 2-2 所示，次级电路中的电容和电感会组成一个完整的 LC 谐振电路，将时域上的节点电压方程变换到复频域：

$$\begin{cases} R_1 I_1 + sL_1 I_1 + sMI_2 = U_s \\ R_2 I_2 + sL_2 I_2 + sMI_1 = U_L \end{cases} \tag{2-7}$$

并且同样使用基尔霍夫电压定律，次级电路的节点方程为：

$$-R_2 I_2 - U_L - \frac{1}{sC_s} I_2 = 0 \tag{2-8}$$

通过式（2-8）可以求解得出 U_s，进而得出初级电路的总阻抗为：

$$Z = R_1 + j2\pi f L_1 + \frac{1}{j2\pi f C_1} + \frac{(2\pi f M)^2}{R_2 + j2\pi f L_2 + \dfrac{1}{j2\pi f C_2}} \tag{2-9}$$

传感器的谐振频率 f_0、耦合因数 k、品质因数 Q 分别为：

$$f_0 = \frac{1}{2\pi\sqrt{L_2 C_2}} \tag{2-10}$$

$$k = \frac{M}{\sqrt{L_1 C_1}} \tag{2-11}$$

$$Q = \frac{1}{R_2}\sqrt{\frac{L_2}{C_2}} \tag{2-12}$$

式中，L_1、R_1 分别为读取天线的电感和串联电阻；L_2、R_2 和 C_2 分别为 LC 谐振传感器中的电感、串联电阻及可变电容；f 和 M 分别为信号源激起频率和读取天线与传感器电感线圈的互感系数。将式（2-10）、式（2-11）、式（2-12）代入式（2-9）中可得：

$$Z = R_1 + j2\pi f L_1 \left(1 - \left(\frac{f_1}{f}\right)^2 + \frac{k^2 \left(\dfrac{f}{f_0}\right)^2}{1 + \dfrac{j}{Q}\left(\dfrac{f}{f_0}\right) - \left(\dfrac{f}{f_0}\right)^2} \right) \tag{2-13}$$

由式（2-13）可以看出，当 $f=f_0$ 即初级电路的输入信号频率等于次级电路的谐振频率时，阻抗中电抗部分为零，阻抗整体呈电阻性。根据总阻抗的变化特征就完全可以确定次级电路的谐振频率，继而可以确定次级电路的电容大小；反之次级电路的电容发生变化时，f_0 亦改变。随着 $f = f_0$ 的发生，必然导致 Z_{eq} 变为电阻性，据此我们就发现阻抗的变化规律情况。由式（2-13）可知阻抗的实部、虚部、幅值、相位，如下所示：

$$\text{Re}\{Z\} = R_1 + 2\pi f L_1 k^2 Q \frac{\dfrac{f}{f_0}}{1 + Q^2 \left(\dfrac{f}{f_0} - \dfrac{f_0}{f}\right)^2} \tag{2-14}$$

$$\text{Im}\{Z\} = 2\pi f L_1 \left(1 - \left(\frac{f_0}{f}\right)^2 + k^2 Q^2 \frac{1 - \left(\dfrac{f}{f_0}\right)^2}{1 + Q^2 \left(\dfrac{f}{f_0} - \dfrac{f_0}{f}\right)^2} \right) \tag{2-15}$$

$$|Z| = \sqrt{\text{Re}^2\{Z\} + \text{Im}^2\{Z\}} \tag{2-16}$$

$$\angle Z = \arctan \frac{\text{Im}\{Z\}}{\text{Re}\{Z\}} \tag{2-17}$$

其中，当 $f = f_0$ 时，输入阻抗实部达到最大值，有如下关系：

$$\max_f \text{Re}\{Z\} \approx \text{Re}\{Z\}|_{f=f_0} = R_1 + 2\pi f_0 L_1 k^2 Q \tag{2-18}$$

$$\Delta \phi \cong \tan^{-1}(k^2 Q) \tag{2-19}$$

经过上面公式的推导，假设传感器的谐振频率为 35 MHz，L_2 为 1 100 nH，R_2 为 11 Ω，耦合因数 k 为 0.24，品质因数 Q 为 21。当信号源频率与 LC 谐振传感器的谐振频率大小相等时，输入阻抗的实部及相位波形如图 2-3 所示。

由图 2-3 可以看出，当 $f = f_0$ 时，传感器的谐振频率点等于阻抗实部和相位曲线的极人值与极小值所对应的频率点。因此，通常通过读取天线端的阻抗实部和阻抗相位来实现无线信号的测试，阻抗相位的实部的最大值及相位的最小值决定着无线信号传输过程中信号的强度。从式（2-18）与式（2-19）可以看出输入阻抗相位的实部与传感器的品质因数 Q 紧密相关。Q 值越大输入阻抗的实部值则越大，输入阻抗的相位越小，表现为波形越尖，信号强度越强，这将越有利于信号的读取与分辨。因此，在后续的无源耐高温压敏元件的设计中，应当尽量增大传感器的 Q 值。

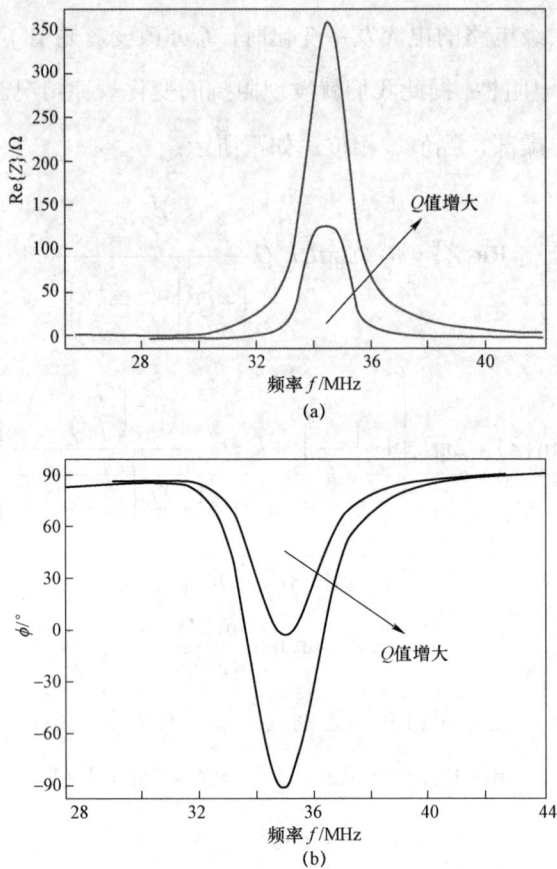

图 2-3 读取天线端输入阻抗 Z 的实部和相位
（a）输入阻抗内部 Re{Z}；（b）输入阻抗相位 ϕ (°)

2.1.3 无线耦合信号提取的影响因素

LC 谐振式传感器的谐振频率提取是通过非接触方式实现的，但在耦合信号传输过程中，互感耦合的距离远近、电磁耦合的强度大小等都会影响传感器谐振频率的无线读取，所以减小或者避免测试环境对互感耦合系统性能的影响是非常重要的。在实际测试中，通过阻抗相位测试所得到的传感器谐振频率 f_{min} 与实际的谐振频率 f_0 存在一定的偏差，如图 2-4 所示，其关系式为：

$$f_{\min} = f_0 \left(1 + \frac{k^2}{4} + \frac{1}{8Q^2} \right) \qquad （2-20）$$

34

从式（2-20）可以看出，该误差主要是由读取天线电感线圈与远端 LC 谐振传感器的电感线圈之间的耦合因数 k，以及 LC 谐振传感器的品质因数 Q 决定。耦合因数代表着磁场的耦合强度，耦合因数 k 越大，LC 谐振传感器的电感线圈上耦合到的磁场能量与读取天线端辐射出的磁场能量的比值就越大，说明两电感线圈的耦合效果就越好。同时，LC 谐振电路的 Q 值越高其储存的能量将越大，与电感天线之间的磁场强度越强，信号的传输效率越高。

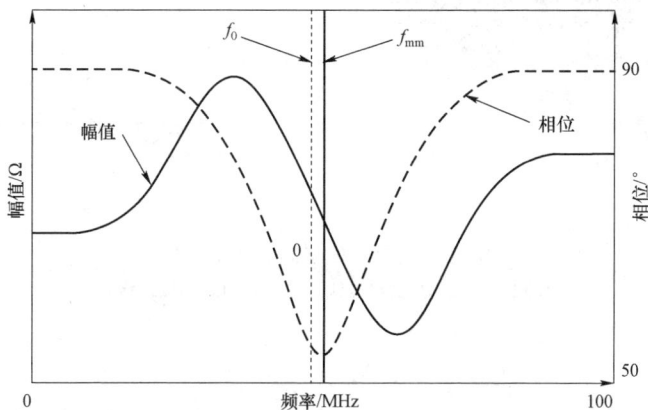

图 2-4　谐振频率测量误差示意图

一般情况下，互感耦合电路中的耦合因数 $k \in (0, 1)$，误差范围为 $0.16\% < \Delta f/f_0 < 0.17\%$。当互感耦合的距离越大时，$k$ 值将减小，$\Delta f/f_0$ 也将减小。若 k 值减小到 0.01 以下时，测量误差 $\Delta f/f_0$ 只有 0.01%。k 值的减小有利于改善测量误差，但会影响互感耦合的效果，从而影响无线耦合信号的提取。

2.2　无源 LC 耐高温压敏元件的模型建立

无源 LC 压敏元件是一种可变电容式压敏元件，它的理论模型主要包括平面螺旋电感线圈和压敏电容。图 2-5（a）为无源 LC 压敏元件的结构剖面图，其中空腔的密封性，以及敏感膜可弹性是耐高温压敏元件工作的两个必要条件。图 2-5（b）为无源 LC 压敏元件的等效电路模型，它是一个由电感 L_s、可变电容 C_s 和电阻 R_s 串联组成的 R-L-C 串联谐振回路。其中，电感 L_s

由平面螺旋电感形成，可变电容 C_s 由敏感电容极板及密封空腔构成，而电阻 R_s 主要来自于电感线圈及电容极板的寄生电阻。无源耐高温压敏元件具体的工作原理示意图如图 2-6 所示。

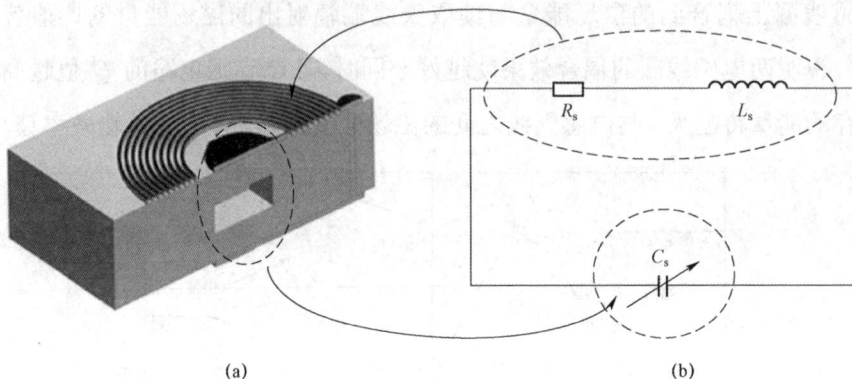

(a)   (b)

图 2-5 无源 LC 耐高温压敏元件

（a）无源 LC 压敏元件的结构剖面图；（b）LC 谐振传感器模型

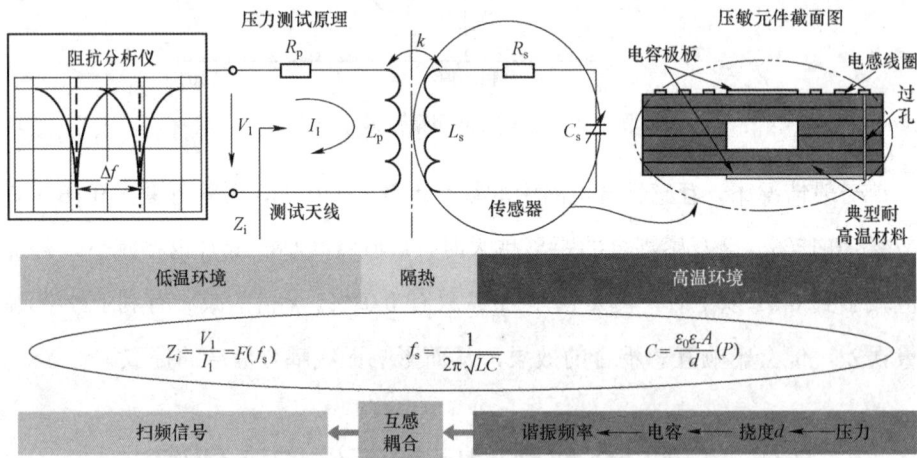

图 2-6 无源耐高温压敏元件的工作原理

    基于上述理论模型的分析，本书所研究的无线传感器测试系统，首先在典型的耐高温弹性材料基础上，以特殊的集成工艺技术实现具有可变电容的无源耐高温 LC 压敏元件，如图 2-6 右所示。图 2-6 左为其工作时的等效电路模型，包括外部读取设备、外部读取天线回路及传感器回路模型。其中，L_1、C_1、R_1 分别为读取天线的电感，电容及电感所寄生的电阻，L_2、C_2、R_2 分别

为传感器的电感，电容及电感寄生的电阻。从图 2-6 中可以看出传感器工作
于高温环境，测试电路工作于室温环境，当高温环境中压力作用于传感器时，
传感器的可变电容发生变化，电容的变化导致传感器的串联谐振回路谐振频
率发生变化。外界读取设备通过测试天线与传感器之间的互感耦合实现频率
的无线测试，通过对所测频率的处理分析，进而得出压力环境中的压力信号，
实现高温环境中压力的原位无线测试。具体为，高温环境中压力的变化会引
起压敏元件敏感膜挠度发生变化，敏感膜挠度的变化会引起压敏电容的变化，
压敏电容的变化会引起传感器 LC 谐振频率的变化，然后低温端的测试电路
通过电感线圈与高温端的压敏元件进行互感耦合，进而实现高温端压敏元件
谐振频率的无线读取。

　　由以上分析可知：平面螺旋电感线圈和压敏可变电容是无源耐高温压敏
元件的两个重要组成，所以掌握它们的理论、设计与计算方法是研究无源 LC
耐高温压敏元件的基础，下面将对它们分别展开具体的分析研究。

2.3　无源 LC 压敏元件片上螺旋电感的 理论研究与分析

2.3.1　片上螺旋电感的分类

　　根据螺旋电感的形状与结构的不同，片上螺旋电感通常可以分为：普通
的片上平面螺旋电感、差分对称结构电感及三维悬空结构电感三类。

1. 普通片上平面螺旋电感

　　如图 2-7 所示，普通片上螺旋电感的形状一般有正方形、长方形、多边
形、圆形等。在相同的面积上不同形状的电感具有不同的电感值及 Q 值，当
电感的线圈、线间距、线厚度及线圈的总长相同时，圆形的电感线圈具有较

高的 Q 值。相对于改变电感线圈的形状，增加电感线圈的匝数、改变电感线圈的宽度及线间距更有利于改变电感线圈的电感值及 Q 值。

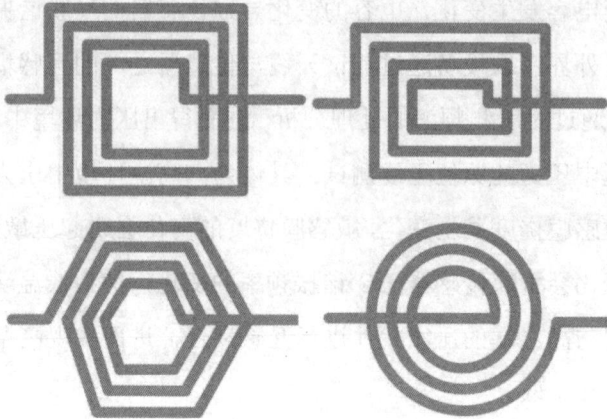

图 2-7　形状不同的片上平面螺旋电感

2. 差分对称结构电感

随着片上螺旋电感应用的逐渐推广，差分对称结构的电感应运而生，其结构如图 2-8 所示。差分对称结构电感的出现解决了实际电路应用中对输入的两个端口完全对称的要求。差分对称结构电感可以提供相位差为 $180°$，幅度相同的两路信号，其电路 Q 值相对于其他普通电感要高，但差分对称结构电感的构造相对于其他普通片上平面螺旋电感的构造较为复杂，它需要多层金属线圈及多个孔位才可以实现其构造。

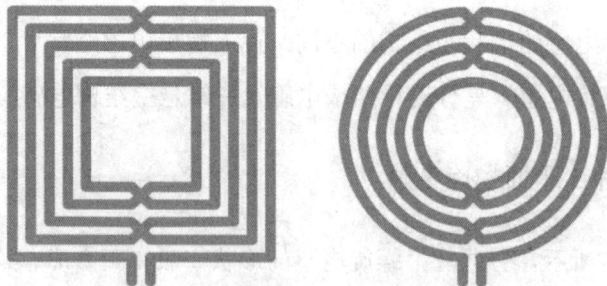

图 2-8　对称结构的平面螺旋电感

3. 三维悬空结构的电感

尽管差分对称结构电感具有较好的 Q 值，但高频情况下的趋肤效应，以及衬底所带来的损耗仍然很明显，无法满足一些电路的要求。针对片上平面螺旋电感的这一局限性，有研究提出了一种三维结构的片上螺旋电感，通常包含垂直螺旋电感、多层布线的片上电感及悬空结构的 MEMS 电感，如图 2-9 所示。通过进行多层布线并将各层电感结构串联可以实现在有限面积上增大电感的电感值，减小电感的电阻值，从而提高电感的 Q 值。相比于普通片上平面螺旋电感，三维立体结构的电感具有较高的 Q 值，克服了较高频率下的趋肤效应，还可以减小衬底的损耗，但是其也存在一些主要问题，例如：多层布线结构实现相对复杂，一些工艺不易实现；在衬底和各层金属结构之间增加了较大的电容耦合。

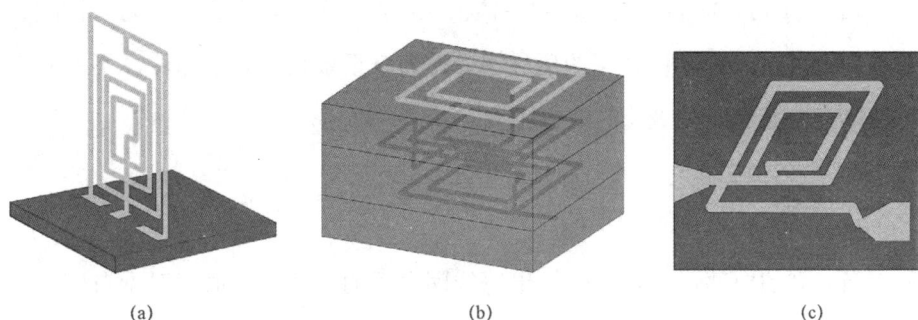

图 2-9　三维结构的片上电感
（a）垂直昆旋电感；（b）多层电感；（c）MEMS 电感

尽管片上螺旋电感有很多种，但是考虑到电感线圈的实现方式（在后续章节中会进行详细的阐述），三维悬空的电感结构工艺程度复杂，可靠性差且实现较为困难。从耐高温压敏元件的相关性能出发，相比于普通的平面片上螺旋电感，对称结构的电感及差分结构的电感没有太多的优势。对于普通的片上螺旋电感线圈，其又可以分为不同的电感图形，如方形、圆形、多边形，但是考虑到所制备的压敏元件的尺寸，为了在有限的尺寸上获得较大的电感值，在后续的章节中主要采用平面的方形及圆形电感线圈来实现耐高温压敏元件的制备。

2.3.2 片上螺旋电感的主要计算指标

片上螺旋电感的主要计算指标主要包括以下四项。

1. 自感

对于矩形的片上平面螺旋电感线圈，每圈线圈可被分为四段，而每段导线又可以被看作横截面积为矩形的直导体。分别求出每段直导体的电感值，然后将各段导体的电感值叠加，从而可以得出总的电感值，下面是横截面积为矩形的导体的计算公式：

$$L_s = 0.02l\left[\ln\frac{2l}{d_1} - 1.25 + \frac{d_2}{l} + \frac{u\alpha}{4}\right] \tag{2-21}$$

式中，l 为导体的长度，d_1 为导体横截面的几何平均距离，d_2 为导体的算术平均距离，u 为导体金属的磁导率，α 为修正系数。对于导体，不同的线宽及厚度，其 d_1、d_2 及 α 的值也不同。

2. 互感

当分立的电感尺寸较大时，电感线圈之间的正负互感值相对于自感值非常小，可以忽略不计。但是，当分立电感尺寸较小时，电感线圈之间的正负互感值相对较大，不能被忽略。从 Greenhouse 算法可以得出：当相邻两导体中通过的电流方向相同时，两导体之间的互感为正值；当两相邻导体中通过的电流方向相反时，两导体之间的互感为负值。分别计算任意两端相邻导体之间的互感值，然后叠加则可得出电感线圈总的互感值 L_m。

$$L_m = \sum L_m^+ + \sum L_m^- \tag{2-22}$$

$$L_m^+, L_m^- = 2l \cdot \ln\left[\frac{1}{d_1} + \sqrt{1 + \frac{l^2}{d_1^2}} - \sqrt{1 + \frac{d_1^2}{l^2}} + \frac{d_1}{l}\right] \tag{2-23}$$

式中，l 为两导体间的几何平均距离，计算过程中，d_1 通常近似等于两导体间的距离。因此，片上平面螺旋电感的电感值 $L=L_s+L_m$。本书在后续章节中，设计的电感尺寸较大（外径大于 5 cm），远大于微米级别。因此，电感线圈之间的互感值可以忽略不计，其电感值近似等于其自感值。

3. 品质因数 Q

电感线圈的品质因数为无功功率与有功功率之比，它描述的为电感线圈损耗电磁能的大小。Q 值越高，电感损耗磁场能越小，Q 值越小其损耗磁场能越大。

$$Q=无功功率/有功功率=电抗功率/电阻功率$$

为了方便 Q 值的计算，通常我们将电感线圈等效为如图 2-10 所示的电路图。其中，R_s、L_s 及 C_s 分别为电感自身的电阻、电感及寄生的电容。R_p 与 C_p 分别为衬底寄生的电阻与电容。

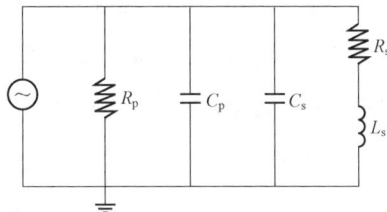

图 2-10　电感线圈的等效电路模型

由以上分析不难得出片上螺旋电感的 Q 值表达式：

$$Q_s=\frac{wL_s}{R_s}\cdot\frac{R_p}{R_p+[(wL_s/R_s)^2+1]R_s}\cdot\left[1-\frac{R_s^2(C_s+C_p)}{L_s}-w^2L_s(C_s+C_p)\right]\quad(2\text{-}24)$$

令 $a=\dfrac{wL_s}{R_s}$，$b=\dfrac{R_p}{R_p+[(wL_s/R_s)^2+1]R_s}$，$c=\left[1-\dfrac{R_s^2(C_s+C_p)}{L_s}-w^2L_s(C_s+C_p)\right]$，

则 Q 值可以表示为：$Q=a\cdot b\cdot c$，其中：a 可以用来表征电感线圈存储磁场的能力，以及串联电阻损耗的能量；b 可以作为衬底的损耗因子，可以用来表征衬底上的能量损耗。当 R_p 无穷大时，b 近似等于 1，表明当衬底电阻无

41

穷大时，衬底将无损耗。因此，在制备片上螺旋电感时，尽量选用衬底电阻率较大的材料，以减小衬底的损耗；c 作为自谐振因子，可以用来解释频率增大而造成的 Q 值下降的原因。

片上平面螺旋电感的 Q 值对集成电路是至关重要的，它不仅能够影响电路的有效功率、噪声系数还能影响电路的带宽等。具体表现为：① 对于 LC 谐振回路，电路的 Q 值与 LC 电路的相位频率的稳定性及相位噪声等紧密相关；② 电感的 Q 值容易影响带通滤波器的 Q 值；③ 对于匹配网络，Q 值决定了其损耗的大小。除上述表达式外，Q 值也可用多个单独的损耗来进行表示，如下：

$$Q = \cfrac{1}{\cfrac{1}{Q_1} + \cfrac{1}{Q_2} + \cfrac{1}{Q_3} + \cdots + \cfrac{1}{Q_n}} \tag{2-25}$$

式中，Q_1，Q_2，Q_3，$\cdots$，Q_n 表示电感线圈中的各种损耗单独作用时电感的 Q 值。从式（2-25）可以看出 Q_1，Q_2，Q_3，$\cdots$，Q_n 中任一种损耗所引起的 Q 值变化都会直接影响电感线圈的总体 Q 值。因此，我们必须考虑各类损耗对电感 Q 值的影响，使各类损耗都降低到最小，而不能单一或只减少某几种损耗，各类损耗中不可以出现较大的损耗，只有这样才可以整体提高电感的 Q 值。本书重点研究的内容为无源 LC 耐高温压敏元件，电感元件 Q 值的提高尤为重要，在忽略衬底所带来的损耗的基础上，后续章节将对电感结构参数对 Q 值的影响具体展开论述。

4. 自谐振频率 f

当电路频率等于电感线圈的自谐振频率时，电感线圈的电感值由感性变为容性，电感线圈发生谐振，此时，电感线圈的 Q 值为 0，由式（2-24）可以得出电感线圈的自谐振频率表达式：

$$f = \frac{\sqrt{\cfrac{1}{C_S + C_P} - R_S^2}}{2\pi L_S} \tag{2-26}$$

通常选取电路的工作频率要求低于电感线圈的自谐振频率，这样电感线圈才表现为感性，若超过该频率段，电感线圈表现为容性，将不能作为磁场的储能元件，将无磁场能输出。

2.3.3　片上平面螺旋电感的损耗机制

当片上螺旋电感线圈工作时，不仅衬底所带来的损耗会影响片上螺旋电感的性能，电感线圈的损耗同样会影响片上螺旋电感的性能。所产生的损耗越大，电感线圈的 Q 值减小得越多，对无源元件的影响将会越大。

1. 衬底损耗

所谓衬底损耗是由于电感线圈所在衬底导电产生涡流引起的，产生的涡流会造成 Q 值的降低，能量的损耗。对于电阻率较小的衬底，当变化的电流通过电感线圈时候，将会在衬底上产生损耗。电感线圈对衬底产生的损耗一般可以分为两种：一种为电感线圈本身产生的变化的磁场，在磁场上所产生的衬底涡流，进而引起的衬底损耗；另一种为电感线圈与衬底之间由于电场耦合所产生的位移电流而引起的衬底损耗，如图 2-11 所示。

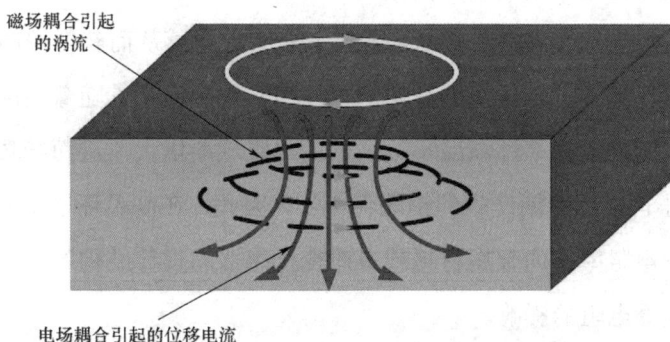

图 2-11　片上螺旋电感衬底损耗机理

电感线圈在衬底上产生的磁性损耗与衬底的电阻率密切相关，通常情况下，当衬底的电阻率小于 $1 \Omega \cdot m$ 时，在衬底上将会产生较大的磁性损耗；

当衬底的电阻率大于 $10\,\Omega\cdot m$ 时，在衬底上产生的磁性损耗可以忽略不计。通过楞次定律，可以得出电感线圈的电流方向与衬底中所产生的涡流方向是相反的，当衬底中存在较大的涡流时，会产生较大的能量损耗，一定程度上减小了电感的 Q 值。衬底中感应的磁场一定程度上又会反作用于电感线圈所产生的磁场，从而又进一步减小了电感线圈的电感值。因此，衬底的电阻率对电感线圈的影响较大，在制备片上平面螺旋电感线圈时应当选用电阻率较大的材料来当作衬底。

2. 电感线圈的损耗

对片上平面螺旋电感线圈，其存在两种损耗，一种是电感线圈的电阻所产生的欧姆损耗，另一种是由电感线圈的电感所产生的磁场损耗。

所谓的欧姆损耗，即电流通过电感线圈时，导致金属材料的非零电阻增大，电感线圈电阻的增大引起电感线圈 Q 值的减小，从而增加电感线圈的损耗。不同的金属具有不同的电阻率，根据 $R = \rho l/s$ 可以得出电感线圈的电阻值跟金属材料的电阻率、电感线圈的长度及电感线圈的横截面积有关，较长的电感线圈、较小的横截面积及较大的电阻率都会增加电感线圈的电阻值。我们可以通过优化电感线圈的长度、线圈的宽度，以及线间距、线圈的内径与外径等，使得电感线圈具有较低的电阻、较大的电感从而获得较高的 Q 值，但是在高温环境下，电感线圈金属的电导率会发生变化，随着温度的逐渐升高，金属线圈的电导率逐渐减小，线圈的电阻逐渐增大，进而导致电感线圈的 Q 值减小，电感线圈产生的损耗将增加。因此，在高温环境下，应当选用高温环境下电阻率小的金属材料或者改变传感器的设计结构等，尽量减小温度对电感线圈电阻的影响。

所谓的磁场损耗，主要由金属线圈产生的涡流导致，与通过电感线圈的电感、通过电感线圈的频率信号及磁通量有关。电感线圈的电感越大，通过电感的信号频率越高，所产生的感应磁场就越大，涡流以及产生的损耗也越大。通常平面螺旋电感线圈所产生的磁场分布是不均匀的，线圈中间的磁场的强度最强，随着线圈半径的逐渐增大，磁场的强度逐渐减弱。因此，电感线圈所产生的磁场损耗从内圈到外圈逐渐减小。由于磁场的损耗与通过电感线圈的磁通量有关，通过的磁通量越大损耗就越大，但是减小通过的磁通量则需要减小电感值，以及减小电感线圈的横截面积，这与减小欧姆损耗是相互矛盾的，因此需要在两者之间建立一个平衡，使得电感线圈具有较小的欧姆损耗与磁场损耗。

2.3.4　片上平面螺旋电感的各类效应

当电流通过电感线圈，且通过电感线圈的电流频率不同时，电感线圈的内部会产生不同的效应，横截面的电流密度会发生变化。当低频电流通过电感线圈时，电流密度不会发生变化，但是随着频率的逐渐升高，在电感线圈的内部会产生趋肤效应及邻近效应，如图 2-12 所示。

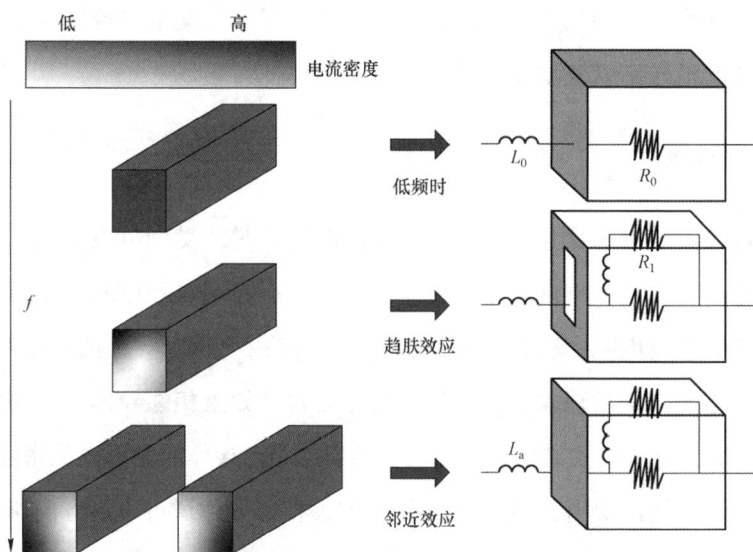

图 2-12　不同频率电流通过电感线圈时所产生的效应

1. 趋肤效应

所谓的趋肤效应也称为集肤效应，它主要是用来描述电流通过导线时，导线中的电流集中在导线外表薄层的一种现象。当电感线圈中有交变的电流通过时，导体的横截面上的电流密度则会分布不均匀，越靠近导体表面电流越集中，电流密度越大，而导体内部的电流很小，导体电流的分布不均匀会导致导体电阻的增加，从而一定程度增加了损耗。

当恒定的电流通过导体时，从导体的横截面上看电流的分布是均匀的；当交变的电流通过导体时，导体中会产生磁通量。变化的磁通量产生的自感电动势，电动势的大小与磁通量成正比，方向与电流的方向相反，对电流起阻碍的作用。当交变电流通过导体时，在导体表面的磁场最弱，导体中心的磁场最强，因此，受到磁力线的作用在导体表面的电动势较小，电流密度较大，在导体内部的电动势较大，电流密度较小。随着通过导体横截面积电流的频率逐渐升高，所产生的趋肤效应将逐渐增强。趋肤深度是指当交变电流通过导体时，导体表面形成一层很薄的电流，即导体表面电流的深度，通常将薄层的深度定义为趋肤深度，它不仅与通过导体的交变电流的频率有关，还与导体的电导率以及温度有关。

2. 邻近效应

临近效应是指在交变电流通过临近的两导体时，受到电磁场的作用，导体中的电流相互临近偏向一边的现象。临近效应与通过导体的电流的频率、导体的磁导率及电阻率有关，通过导体电流的频率越高，导体的磁导率越高，电阻系数越高，这种现象就越明显。具体而言，如果相邻导体通过的电流方向相反，则受电流中的导体产生磁动势的影响，在导体内侧的电流密度较高，电流聚集在内侧，如图 2-13（a）所示；如果相邻导体通过电流方向相同，则电流对导体产生磁动势的影响，在导体外侧的电流密度较大，电流聚集在外侧，如图 2-13（b）所示。当相邻导体电流反向时，两导体之间的磁动势最大，电流向导体内侧聚集，当相邻导体电流同向时，两导体之间的磁动势最小，导体内侧的电流最小。对于片上平面螺旋电感线圈而言，当电感线圈通过电流为交变电流时，相邻导体之间的电流方向相同，且在平面螺旋电感线圈中所产生的临近效应的影响要远远高于趋肤效应。因此，应当尽量减小通过电感线圈导体电流的频率，降低临近效应的影响，这样才有利于提高电感的 Q 值。

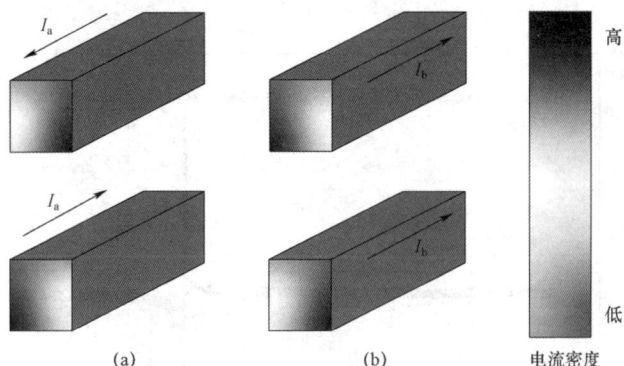

图 2-13　相邻导体件的临近效应
（a）电流方向相反；（b）电流方向相同

2.3.5　片上平面螺旋电感的 R–L–C 参数模型分析

片上平面螺旋电感的电感值随频率变化的曲线如图 2-14 所示。从图中可以看出，电感随频率的变化可以简单地将频率分为三个区段，当工作频率位于第一区段的时，电感值随频率的变化较小，电感正常工作表现为感性；当电感的工作频率位于第二区段时，电感发生谐振，电感值变化较快由正值变为负值，电感也由之前的感性变为容性，由于此区段电感值不是很稳定，因此这一区段的频率很少被应用在实际电路中；当电感的工作频率位于第三区段时，电感表现为容性。在实际应用中，为了使电感线圈能够正常工作，受到频率的变化较小，一般选取低于电感线圈自谐振频率的频率段作为电感线圈的工作频率。

电感在实际应用中，电感线圈自身的电阻、电感线圈之间及电感与衬底之间寄生电容是不可避免的。通常情况下电感为储存磁能的元件，电容为储存电能的元件，而电阻为耗能元件。对于电感线圈来说，如果寄生的电阻和电容过大，则会严重影响电感元件的性能。因此，对电感线圈寄生电容与电阻的分析极其重要。在后续章节中将讲述的无源 LC 耐高温压敏元件，其电感大部分为方形平面螺旋电感线圈，这里着重对方形的片上螺旋电感的电路模型作具体分析。

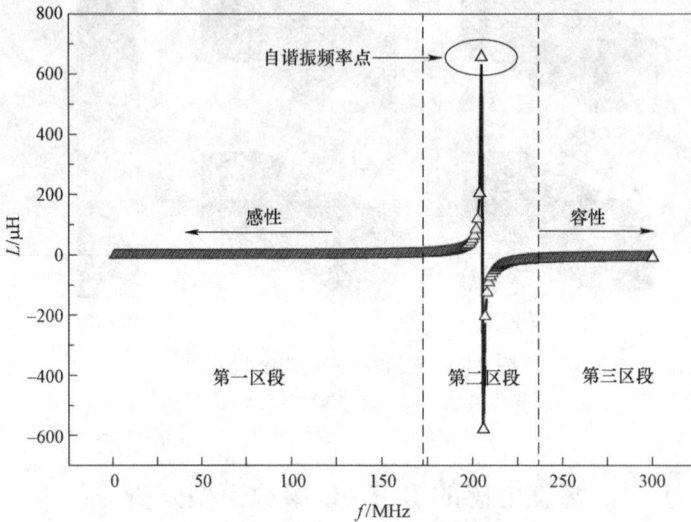

图 2-14　电感随频率变化曲线

图 2-15 为片上平面螺旋电感线圈的简单模型及其等效电路模型。从图 2-5 中可以看出电感元件可以等效为一个由电感 L、自身电阻 R 及电感线圈之间寄生的电容 C_s 组成的一个简单的 L-R-C 串联谐振回路。除此之外，还存在衬底所寄生电阻 R_1、R_2 与寄生电容 C_1、C_2。

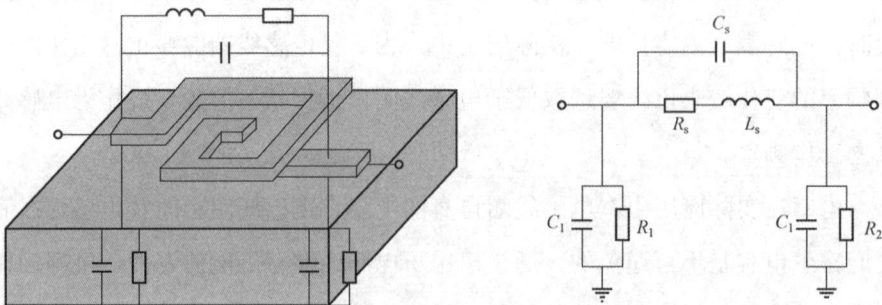

图 2-15　片上螺旋电感简单模型及等效电路模型

1. 串联电阻

当电感线圈的工作频率很高时，将会出现较大的寄生电阻和寄生电容，从而影响电感线圈的性能，例如：电感线圈在较高频率环境下的临近效应会影响电感线圈的电阻值；在较高频率环境下电感表现为容性影响电感的性能。因此，一般选取相对较低的频率段作为电感线圈的工作频率区段。当电感线圈工作时，若不忽略趋肤效应，其串联电阻的计算表达式如下：

$$R_{s} = \frac{\rho \cdot l}{w \cdot \delta \cdot (1 - e^{-t/\delta})} \qquad (2\text{-}27)$$

当电感线圈工作于较低的频率环境下，若忽略趋肤效应，其串联电阻近似表达式为：

$$R_{s} = \frac{\rho \cdot l}{wt} \qquad (2\text{-}28)$$

式中，l 为电感线圈总长度：$l = 4nd_{out} - 4wn - (w + s)(2n + 1)^{2}$，$\rho$ 为金属电阻率，t 为厚度。

2. 电感

本书的螺旋电感采用 1974 年 Greenhouse 提出的方形平面螺旋电感的计算方法，主要是通过将螺旋电感线圈分为若干小段，分别求出各小段的自感值及互感值，然后将各电感值叠加得出总的电感值。（图 2-16 为电感线圈参数示意图，其中，w 为电感线圈的宽度、s 为电感线圈的线间距、n 为电感线圈的匝数、d_{in} 为电感线圈的内直径和 d_{out} 为电感线圈的外直径。）

自感值的计算表达式为：

$$L_{s} = 2l\left(1n\frac{2l}{w + h} + 0.5 + \frac{w + t}{3l}\right) \qquad (2\text{-}29)$$

其中，l、w、h 分别为电感线圈的长度、宽度及线圈的厚度。

互感的计算表达式为：

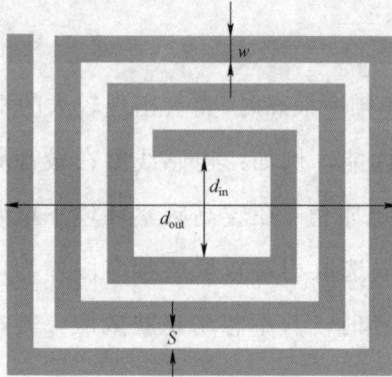

图 2-16　电感线圈参数示意图

$$M = 2l\ln\left\{\left[\frac{l}{d} + \sqrt{1 + \left(\frac{l}{d}\right)^2}\right] - \sqrt{1 + \left(\frac{d}{l}\right)^2} + \frac{d}{l}\right\} \qquad (2\text{-}30)$$

式中，d 为电感线圈之间的几何距离。由电感线圈的自感值与互感值，可以得出电感线圈总的电感值：

$$L = L_s + M \qquad (2\text{-}31)$$

为了较为简单地计算电感线圈的电感值，S.S Mohan 提出了一种简单的方形平面螺旋电感的计算公式：

$$L_s = 2.34\frac{\mu_0 n^2 d_{avg}}{1 + 2.75p} \qquad (2\text{-}32)$$

式中，u_0 为真空磁导率，$u_0 = 4\pi \times 10^{-7}$ H/B；n 为平面螺旋电感线圈匝数；ρ 为占空比系数，$\rho = (d_{out} - d_{in})/(d_{out} + d_{in})$；$d_{avg}$ 为平均直径，$d_{avg} = (d_{out} + d_{in})/2$。

3. 寄生电容

片上平面螺旋电感线圈的电感值之所以随着频率而变化是因为在高频环境下受到寄生电容的影响，图 2-17 为电感线圈的模型剖面图。

从图中可以看出，电感线圈的寄生电容主要来自于两方面：一方面是电感线圈相邻导线之间的寄生电容 C_{pc}，其中间介质为空气；另一方面是电感线圈与其下引出线之间的寄生电容 C_{ps}，其中间介质为衬底材料。因此，电感线圈的寄生电容与填充于两线圈之间的绝缘基底材料和空气有关，其计算公式可以近似表达为：

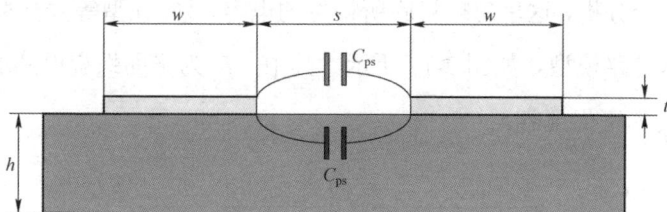

图 2-17　线圈剖面图

$$C_p = C_{pc} + C_{ps} \approx (0.9\varepsilon_n + 0.1\varepsilon_n)\varepsilon_0 \frac{t}{s} l_g \tag{2-33}$$

式中，ε_{rc} 和 ε_{rs} 分别为电感线圈间涂层材料和基底材料的相对介电常数，ε_0 为真空介电常数 8.85×10^{-12} F/m，l_g 为线圈之间空白间隙的总长度，其计算公式表示为：

$$l_g = 4(d_{out} - wn)(n-1) - 4sn(n+1) \tag{2-34}$$

当衬底的电阻率较小及电感线圈的工作频率较高时，衬底寄生的电阻与电容将不能忽略，其电路等效模型如图 2-15 所示。其中 R_1、R_2、C_1 和 C_2 分别表示衬底所寄生的电阻与电容，其计算公式近似如下：

$$C_1 = C_2 = \frac{1}{2} \cdot l \cdot w \cdot C_3 \tag{2-35}$$

$$R_1 = R_2 = \frac{2}{l \cdot w \cdot G_3} \tag{2-36}$$

式中，当衬底的电阻率大于 $10\ \Omega \cdot \mathrm{cm}$ 时，衬底上的单位面枳电容 C_3 与跨导 G_3，可分别近似等于 1.6×10^{-6} F/m^2 与 4×10^4 F/m^2。

在本书中所实现的无源 LC 耐高温压敏元件是以 Dupont 951 陶瓷、氧化铝陶瓷及蓝宝石为基底材料的，这些材料在室温环境下具有较高的电阻率，因此，室温环境下可以忽略其衬底的寄生电容与电阻。但在较高的温度环境中 Dupont 951 陶瓷材料电阻率减小相对较快，衬底所寄生的电阻与电容将不能被忽略，这也是 LTCC 耐高温压敏元件不能工作于较高的温度环境的一个重要原因。氧化铝陶瓷材料与蓝宝石材料减小相对较慢，可以应用在相对较高的温度环境中，在后续章节中将详细展开论述。

为了便于分析，这里忽略衬底所寄生的电容，采用π型等效模型作为平面电感的集总电路模型，如图 2-18 所示。其中，R_s 为平面螺旋电感的电阻，L_s 为电感，C_p 为寄生电容。

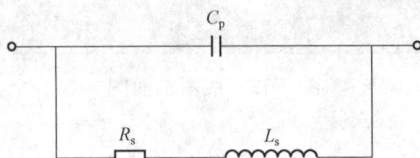

图 2-18　电感集总模型

根据上述集总模型，看出平面螺旋电感与寄生电容之间组成一个 R-L-C 回路，其输入阻抗表示为：

$$Z_{sprial} = \frac{R_s + j[L_s w - C_p R_s^2 w - C_p L_s^2 w^3]}{1 - 2C_p L_s w^2 + (C_p R_s w)^2 + (C_p L_s)^2 w^4} \qquad （2-37）$$

当电感线圈的 R-L-C 回路发生谐振时，即令式（2-11）虚部等于 0，得到此时的谐振频率：

$$f_{sprial} = \frac{1}{2\pi\sqrt{L_s C_p}}\sqrt{1 - \frac{C_p R_s^2}{L_s}} \qquad （2-38）$$

在高频作用下，螺旋电感线圈的电感值为：

$$L_{eq}(f) = \frac{L_s}{1 - L, C_p(2\pi f)^2} \qquad （2-39）$$

2.4　无源 LC 压敏元件压敏电容的理论分析与研究

本书所介绍的压敏元件的物理结构设计是基于一种可形变的密封空腔及敏感膜。其中，压力敏感膜及密封空腔是压敏元件的两个关键组成部分，它决定着压敏元件能否对外界的气压信息进行准确响应。压敏元件工作的力学原理是基于外表面可发生形变的弹性薄膜结构来实现对外界压力的力学响应的。具体来说，当密封空腔外部与密封空腔内部气压存在压差时，敏感膜将会受压发生弹性形变，则可以通过获取敏感膜的形变量间接地完成压力的测试。

2.4.1　薄板的基础理论

在本书中，压力敏感膜是电容式压敏元件的一个十分重要的组成部分。当外界压力发生变化，压力敏感膜发生形变，从而引起电容式压敏元件的电容发生变化，将压力信号转换为电信号。首先对弹性敏感膜片的一些基础理论进行分析。

平板根据其厚度的不同而分为薄板和厚板，当平板厚度与其平面最小尺寸的比值大于 1/5 时，称之为厚板；当平板厚度与其平面最小尺寸的比值小于 1/80 时，称之为薄板。本书中研究的敏感膜形变，是以薄板的小挠度理论为基础的。薄板的形变大小通常根据中心最大形变量来区分，当薄板中心弯曲挠度大于薄板厚度的 0.3 倍时，为大挠度形变；当薄板中心弯曲挠度小于薄板厚度的 0.3 倍时，为小挠度形变。当薄板受压在小挠度范围内变化时，薄板中心弯曲挠度随压力的变化近似为线性变化；当薄板受压在大挠度范围内变化时，薄板中心弯曲挠度随压力的变化为指数变化。但是，对于薄板的小挠度理论需要满足克希霍夫假设的时候才成立，具体为：① 不挤压假设：薄板受压形变后，垂直于板面的应变及应力分量等于 0；② 直线法假设：薄板受压形变后，薄板内部任意点的剪应力忽略不计，即薄板受压前后在法线方向上移动且始终与法线方向垂直；③ 中性面假设：薄板受压形变后，薄板内各点只有垂直位移，没有水平位移，即水平方向上没有任何形变。

薄板的小挠度理论是分析电容式压敏元件的理论基础。考虑耐高温压敏元件的制备工艺，本书中敏感膜的设计均为方形结构，我们以方形薄板为模型展开研究。如图 2-19 所示，以方形薄板的中心为坐标建立三维直角坐标系（其中，x，y，z 分别代表薄板的长、宽、高的方向），设定薄板的边长为 $2a$，

厚度为 h，当受到均匀压力载荷时，设定薄板在相应坐标上的位移分别为 u，v，w。

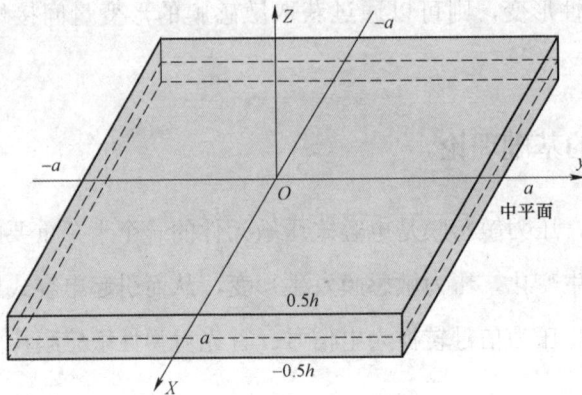

图 2-19　薄板小挠度理论模型

当薄板受压发生小挠度形变时，其在 x、y、z 方向上的位移可以分别表示为：

$$u(x,y,z) = -\frac{\partial w_0}{\partial x} \cdot z$$
$$v(x,y,z) = -\frac{\partial w_0}{\partial y} \cdot z \qquad (2\text{-}40)$$
$$w(x,y,z) = w_0$$

式中，w_0 为薄板在 z 轴方向的位移。

$$w(x,y) = w_0 = \frac{49P(1-v^2)}{192E} \cdot \left(\frac{\alpha}{k}\right)^4 \cdot \left(\frac{\pi^2}{\alpha^2} - 1\right)^2 \cdot \left(\frac{y^2}{\alpha^2} - 1\right)^2 \qquad (2\text{-}41)$$

因此，敏感膜 x, y 方向的应力分别为：

$$\sigma_x = -\frac{Eh}{2(1-v^2)}\left(\frac{\partial^2 w}{\partial x^2} + v\frac{\partial^2 w}{\partial y^2}\right)$$
$$\sigma_y = -\frac{Eh}{2(1-v^2)}\left(\frac{\partial^2 w}{\partial y^2} + v\frac{\partial^2 w}{\partial x^2}\right) \qquad (2\text{-}42)$$

由于应变与应力是由敏感膜的厚度决定的，因此，可以通过对敏感膜的应力及小挠度理论进行分析得出敏感膜厚度。当敏感薄膜受压之后，敏感膜在小挠度范围内变化，压敏元件的输出为线性形变；当敏感膜的中心挠度变化超过敏感膜厚度的 0.2 倍时，应力与压力之间的关系为非线性关系。因此，敏感膜形变量 w_m 最大应当满足下式：

$$w_{\mathrm{m}} \approx \frac{3}{200} \cdot \frac{P(1-v^2)a^4}{Eh^2} \leqslant 0.2h \qquad （2\text{-}43）$$

敏感膜的最大应力应该满足下式：

$$\mathrm{Max}(|\sigma_x - \sigma_y|) \leqslant 0.3\sigma_{\mathrm{m}} \qquad （2\text{-}44）$$

式中，σ_{m} 为敏感膜材料的破坏应力。将材料的泊松比、杨氏模量、膜片设计边及厚度等参数代入以上两式则可以得出敏感膜的厚度。通过计算一般将压敏元件中敏感膜的厚度设计为 0.1～0.5 mm。

2.4.2　压敏元件受力结构的模型建立

考虑到密封空腔的制备工艺技术，圆形空腔的形成较为困难，本书中所制备的耐高温压敏元件的空腔均为方形。因此，这里仅对方形膜片的受力结构进行分析。压敏元件敏感膜受力模型如图 2-20 所示。

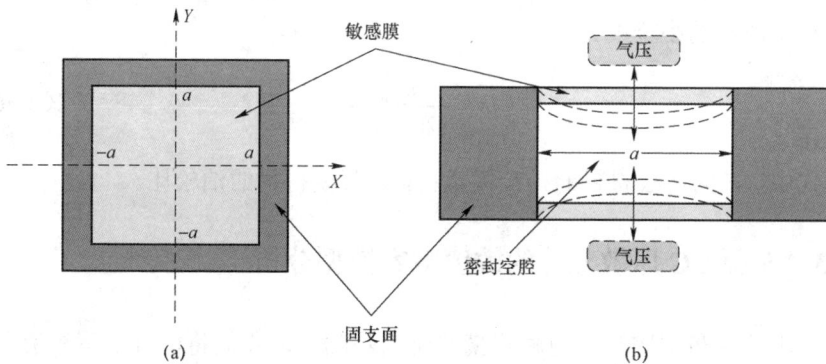

图 2-20　敏感膜受力结构图
（a）顶视图；（b）截面图

图 2-20 中 a 为形变敏感膜的边界长度，t_g 为上下敏感膜的初始间距，t_m 为敏感膜的厚度，d 为受压敏感膜的形变量。当外界环境与压敏元件空腔内部气压相同时，压敏元件敏感膜不受压力，不发生形变；当外界环境气压大

于压敏元件的空腔内部的气压时，压敏元件敏感膜发生弯曲，弯曲面为抛物面，且敏感膜中心位置弯曲程度最大。图 2-21 为敏感膜受力结构的形变图。

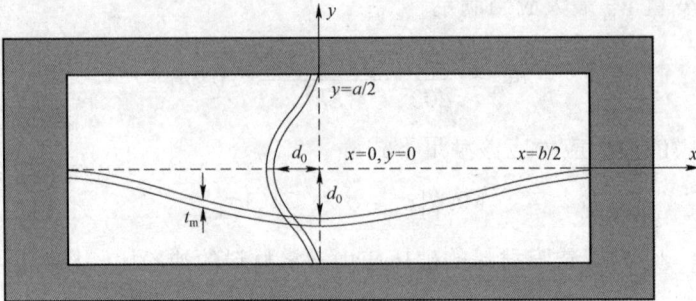

图 2-21　传感器受力模型解析图

当方形薄板被施加压力，敏感膜在小挠度范围内变化时，敏感膜的弯曲度可以表示为：

$$d_0 = \frac{0.00126 P a^4 \cdot 12(1-v^2)}{E(2t_{\mathrm{m}})^3} \qquad (2\text{-}45)$$

式中，P 为敏感膜所受到的压力载荷，a 为敏感膜的边长，D 为抗弯曲刚度（也被称为索菲–日耳曼方程，它可以通过薄板中间的最大挠度变化来求解出整个薄板的小挠度）

$$D = \frac{E t_{\mathrm{m}}^3}{12(1-v^2)} \qquad (2\text{-}46)$$

式中，E 为薄板材料的杨氏模量；v 为薄板材料的泊松比。

2.4.3　无源 LC 压敏元件的敏感电容模型分析

在上节密封空腔与压力敏感膜的研究基础上，我们将电容上下极板分别置于空腔中的不同位置，从而实现不同类型的压敏电容结构，通常将其分为四类，如图 2-22 所示。图 2-22（a）敏感电容两极板分别位于空腔外部，电容极板之间的介质包括空气和基底材料，尽管电容受多种介质材料的影响，但电容的实现工艺相对简单；图 2-22（b）敏感电容两极板分别位于空腔的内部，电容极板之间的介质仅为空气，电容的大小不受基底材料的影响，而且基底材料可以对电容极板起到包封保护的作用，但压敏电容在受压之后，很容易出现短路情况；图 2-22（c）敏感电容两极板均嵌入基底材料中间，虽然克服了敏感电容受压之后出现的短路情况，但实现方式较为困难，且电容计算较为复杂；图 2-22（d）敏感电容的一个极板嵌入基底材料中，另一个极板置于空腔内表面，同样该种结构的实现方式存在较多困难。

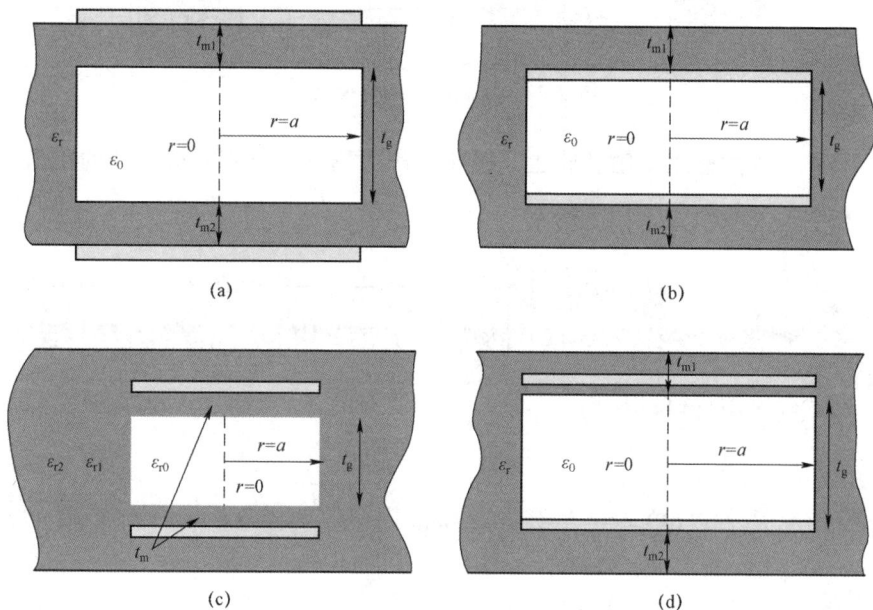

图 2-22 电容式压力传感器模型

（a）两极板分别位于空腔外部；（b）两极板分别位于空腔内部；（c）两极板均嵌入基底材料中间；

（d）一个极板嵌入基底材料，另一个极板置于空腔内表面

当敏感膜不受外界压力未发生形变时，图 2-22 中的四种电容的初始电容值 C_0 为：

$$C_0 = \frac{\varepsilon_0 a^2}{t_g + \dfrac{t_{m1} + t_{m2}}{\varepsilon_r}} \tag{2-47}$$

式中，ε_0 为真空介电常数，t_g 为空腔高度，ε_r 为敏感膜材料相对介电常数，t_{m1} 与 t_{m2} 分别为上下表面敏感膜厚度。

鉴于工艺实现条件的限制，本书中的压敏电容结构均采用图 2-22（a）所

示结构，将围绕其详细展开研究讨论。敏感膜受外界压力将发生形变，其形变结构如图 2-23 所示。

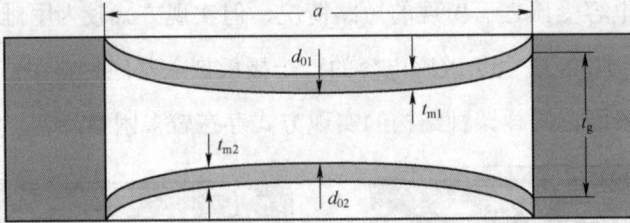

图 2-23　压敏电容结构模型

当外界压力作用于敏感膜上，敏感膜产生形变，电容极板之间的距离减小，电容值发生改变，如下所示：

$$C_s(P) = \varepsilon_0 \int_0^{2\pi} \int_0^a \frac{r}{\left(t_g + \dfrac{t_{m1} + t_{m2}}{\varepsilon_r}\right) - d(r)} \mathrm{d}r \mathrm{d}\theta \qquad (2\text{-}48)$$

公式经过简化可以得到：

$$C_s(P) = \frac{C_0}{\sqrt{\dfrac{d_{01} + d_{02}}{t_g + \dfrac{t_{m1} + t_{m2}}{\varepsilon_r}}}} \tanh^{-1}\left(\sqrt{\frac{d_{01} + d_{02}}{t_g + \dfrac{t_{m1} + t_{m2}}{\varepsilon_r}}}\right) \qquad (2\text{-}49)$$

式中，d_{01}、d_{02} 分别为上下电容极板受压之后的挠度变化。

在实际制备压敏元件的时，由于工艺条件等限制，电容极板的边长并不能完全与空腔的边长相等，其边长可能大于或小于空腔的边长，如图 2-24 所示。

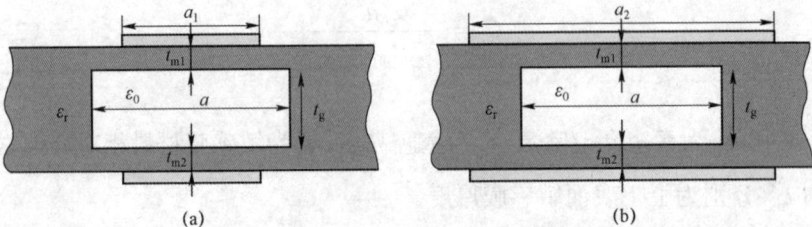

图 2-24　电容极板与空腔边长不同示意图
（a）电容极板边长小于空腔边长；（b）电容极板边长大于空腔边长

当电容极板的边长小于空腔的边长时，电容极板之间的介质不发生变化，但是电容极板的计算应当以电容极板的边长为边长，即压敏电容的初始电容以及受压之后的电容分别为：

$$C_0 = \frac{\varepsilon_0 a_1^2}{t_g + \dfrac{t_{m1} + t_{m2}}{\varepsilon_r}} \tag{2-50}$$

$$C_s(P) = \frac{\dfrac{\varepsilon_0 a_1^2}{t_g + \dfrac{t_{m1} + t_{m2}}{\varepsilon_r}}}{\sqrt{\dfrac{d_{01} + d_{02}}{t_g + \dfrac{t_{m1} + t_{m2}}{\varepsilon_r}}}} \tanh^{-1}\left(\sqrt{\dfrac{d_{01} + d_{02}}{t_g + \dfrac{t_{m1} + t_{m2}}{\varepsilon_r}}}\right) \tag{2-51}$$

当电容极板的边长大于空腔的边长时，电容极板之间的介质发生变化，其电容不仅包含空腔部分，还包含电容极板除去空腔正对极板的部分，因此敏感电容的初始电容为：

$$C_0 = \frac{\varepsilon_0(a_2^2 - a^2)}{\dfrac{t_g + t_{m1} + t_{m2}}{\varepsilon_r}} + \frac{\varepsilon_0 a^2}{t_g + \dfrac{t_{m1} + t_{m2}}{\varepsilon_r}} \tag{2-52}$$

当压敏电容受外界压力之后，电容发生变化，这主要是由空腔发生形变所引起，而空腔周围的电容并未发生变化。因此，受压之后压敏电容的电容为：

$$C_s(P) = \frac{\varepsilon_0(a_2^2 - a^2)}{\dfrac{t_g + t_{m1} + t_{m2}}{\varepsilon_r}} + \frac{\dfrac{\varepsilon_0 a^2}{t_g + \dfrac{t_{m1} + t_{m2}}{\varepsilon_r}}}{\sqrt{\dfrac{d_{01} + d_{02}}{t_g + \dfrac{t_{m1} + t_{m2}}{\varepsilon_r}}}} \tanh^{-1}\left(\sqrt{\dfrac{d_{01} + d_{02}}{t_g + \dfrac{t_{m1} + t_{m2}}{\varepsilon_r}}}\right)$$

2.5　本章小结

本章主要是从理论层面对 LC 谐振式无源耐高温压敏元件的相关基础理

论展开研究分析，为后续耐高温压敏元件的研究提供理论基础。首先，对电感线圈的互感耦合理论进行简单概述，而后对本章应用的无线耦合信号提取方法、信号提取的影响因素，以及 LC 力电耦合模型进行了详细的分析研究。在此基础上，分别从电感元件和电容元件部分两个层面展开详细论述。① 射频电感部分：首先对片上螺旋电感的分类进行了简单概述，而后针对本书中压敏元件的片上平面方形螺旋电感分别从计算指标及工作过程中的损耗机制与各类效应展开详细研究，并对平面片上螺旋电感的 R-L-C π型电路模型进行综合分析，为后续压敏元件的理论计算、测试结果分析及进一步优化设计提供理论基础。② 压敏电容部分：首先对薄板的小挠度形变理论进行了简单概述，而后针对本书中所涉及的方形敏感膜分别从受力结构的模型建立、敏感电容模型分析两个方面具体展开研究分析，为后续压敏元件的理论计算、高灵敏及大量程压敏元件的设计优化等提供理论依据和基础。

第 3 章　射频电磁耦合信号谐振特征提取方法

3.1　射频电磁耦合谐振特征提取方法及其关键因素表征

在第 2 章中，对射频谐振式电磁耦合信号传输的模型进行了相关的研究，从中可以看出，对于如图 3-1 所示的谐振耦合系统，当发生互感耦合后，远端谐振单元的谐振信息通过耦合系数 k 引入读取端，读取单元的功能是在读取天线端通过一定的电信号处理方法，将阻抗特征上的远端敏感单元 LC 谐振信息提取出来，在前期的研究中，研究人员都是通过阻抗分析仪器进行读取和测试，在大部分应用和测试场合，由于阻抗分析仪器庞大的体积和昂贵的价格，加之测试过程中都难以保存动态过程的谐振频率变化，所以，研究一种专用的集成测试模块是有必要的。在研制这个集成测试装置之前，首先研究的是特征提取的方法，以及该方法中所存在的关键影响因素。

电抗/阻抗是一种表示元件或者电路性能的物理量，通常是指在电阻、电容、电感组成的电路中对电流起阻碍作用的物理特征量，阻抗并不像电压和电流那样可以直观地表征，它是一个复数。因此，在研究阻抗 Z_i 特征的提取方法时，本书将其转换为电压 U 的某些特征量来表征阻抗特征量的变化，因为电压 U 在电路里是通过相关手段进行量化、测量和直观表征的。如果对一个含有线性电阻，电感、电容等储能元件的独立源网络施加以角频率为的正弦交变激励时，当电路处于稳态时，端口的电流将是同频率的正弦量，应用相量的思路，端口的电压相量 U 与电流相量 I 的比值定义为该端口网络的阻抗 Z：

$$\dot{Z} = \frac{\dot{U}}{\dot{I}} = \frac{U}{I} \left\lfloor \varphi_u - \varphi_i \right. = |Z| \left\lfloor \varphi_Z \right. \tag{3-1}$$

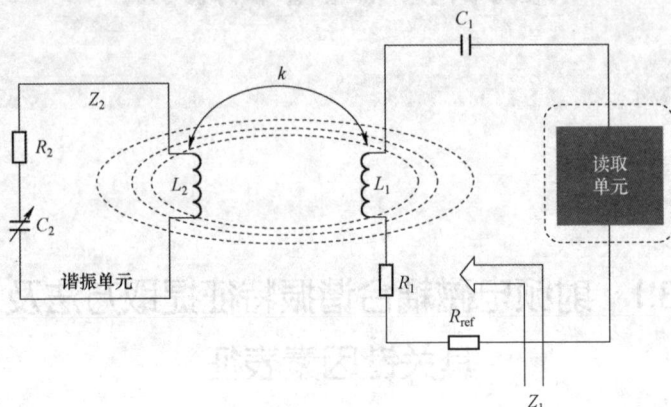

图 3-1　射频电磁耦合信号谐振特征读取单元

如图 3-1 所示，当在读取单元端施加正弦交变激励时，由于互感耦合的发生，利用 2.3 节的信号传输电路模型及基尔霍夫定律可以得到：

$$Z_1 I_1 + Z_M I_2 = U_1 \tag{3-2}$$

$$Z_M I_1 + Z_2 I_2 = 0 \tag{3-3}$$

式中，Z_1 为读取端回路阻抗；Z_2 为敏感单元端回路阻抗；Z_M 为互感阻抗；I_1，I_2 为读取端和敏感单元的回路电流；U_1 为读取单元源端正弦激励电压，读取天线端加入了取样电阻 R_{ref}，该电阻上的信号与流过读取天线电感线圈上的信号是同频同相的，且在幅值变化特征上也保持一致。由此有：

$$Z_1 = R_1 + j2\pi f L_1 + \frac{1}{j2\pi f C_1} + R_{\text{ref}} \tag{3-4}$$

$$Z_2 = R_2 + j2\pi f L_2 + \frac{1}{j2\pi f C_2} \tag{3-5}$$

$$Z_M = j2\pi f M \tag{3-6}$$

由式（3-2）和式（3-3）可以得出参考电阻两端的电压信号 U_{ref} 为：

$$U_{\text{ref}} = \frac{R_{\text{ref}}}{Z_1 + \frac{(2\pi f M)^2}{Z_2}} U_1 \tag{3-7}$$

式（3-7）中可以看出，U_{ref} 的特征属性即反映了互感耦合的读取天线端阻抗 Z_1 的特征变化规律，这样就可以利用 U_{ref} 的幅值或者相位的变化特征规律来提取由可变压敏电容引起的远端敏感单元的谐振频率变化。这样在现有的硬件电路里是可以实现的，并且可以直观地对测试结果进行显示和存储。

本书基于此设计了两种基于阻抗的耦合谐振特征特征提取方法，如果单独放置一个读取天线的耦合电感线圈，在有效的耦合距离范围内没有 LC 谐振传感器与之靠近，U_{ref} 将保持自身读取天线自谐振状态时的幅值和相位变化规律，在幅值频率响应曲线上，自谐振点处将会出现一个峰值，相位频率响应曲线上，自谐振点处的相位将出现由 $+90°$ 至 $-90°$ 的一个突变点。而当在有效耦合距离范围内有敏感单元 LC 谐振传感器靠近读取天线时，且敏感单元 LC 谐振频率在读取天线源端激励频率范围内，此时将发生谐振式的互感耦合，此时将在 U_{ref} 的幅值和相位频率响应曲线上出现相应的特征点。为此，本书利用 $L_2 = 2.364\ \mu H$，$C_2 = 13\ pF$，$f_0 = 28.71\ MHz$，$R_{ref} = 120\ \Omega$，以及 $L_2 = 3.146\ \mu H$，$C_2 = 17\ pF$，$f_0 = 21.74\ MHz$，$R_{ref} = 120\ \Omega$ 两种谐振特征值分别进行了仿真分析和计算，此时取样电阻两端的 U_{ref} 的幅值和相位频率响应曲线上在谐振式互感耦合前后的曲线如图 3-2～图 3-5 所示。

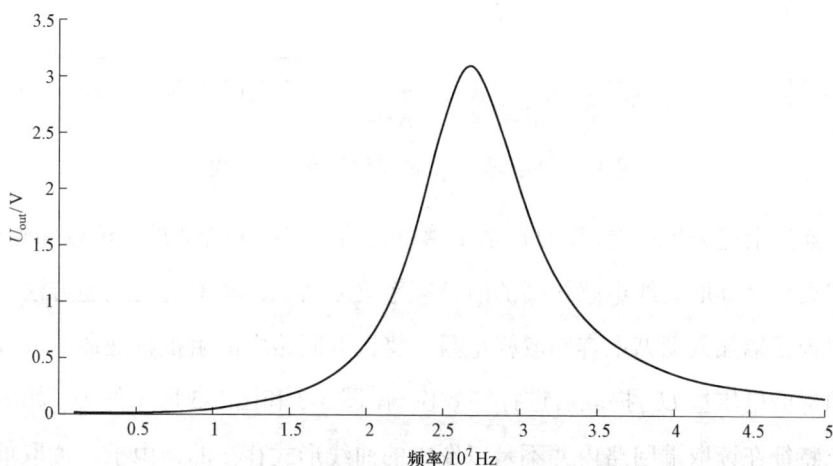

图 3-2 耦合前 U_{ref} 的幅值频率响应曲线

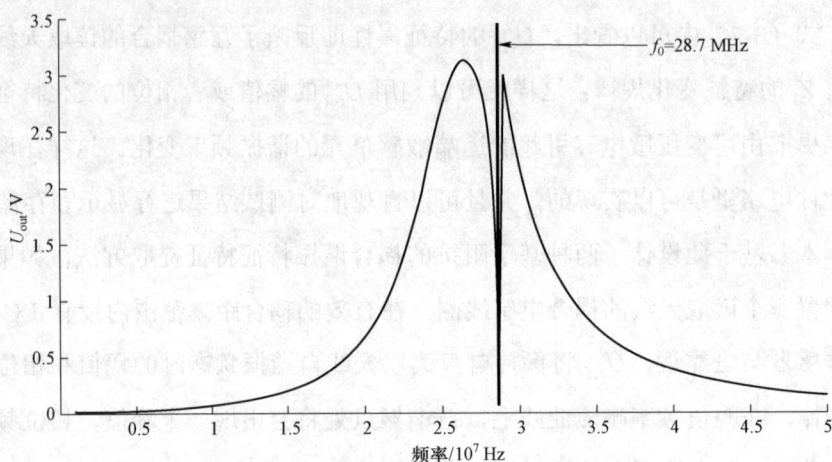

图 3-3　耦合后 U_{ref} 的幅值频率响应曲线

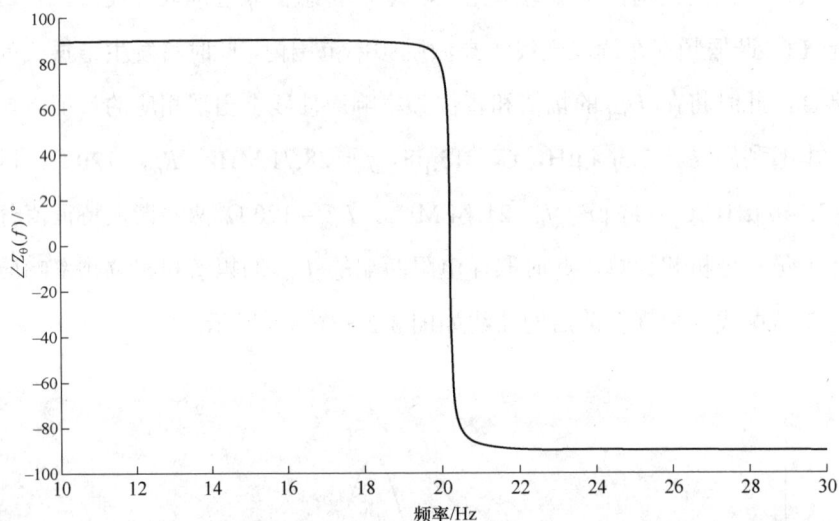

图 3-4　耦合前 U_{ref} 的相位频率响应曲线

　　通过上述分析可知，要对远端敏感单元的可变谐振特征进行读取和测试，就需要测试读取天线电感线圈的阻抗频率响应曲线，本书通过上述方法，在读取天线端加入调谐电容和取样电阻，将读取回路内的阻抗特征通过等效元件两端的电压量 U_{ref} 提取后进行等效检测，图 3-3 和图 3-5 所示的 U_{ref} 幅值和相位特征在读取端回路内并不是以图中的曲线形式存在的，由于在读取单元内生成的是正弦交变线性扫频激励信号，如果直接从取样电阻上提取 U_{ref} 的

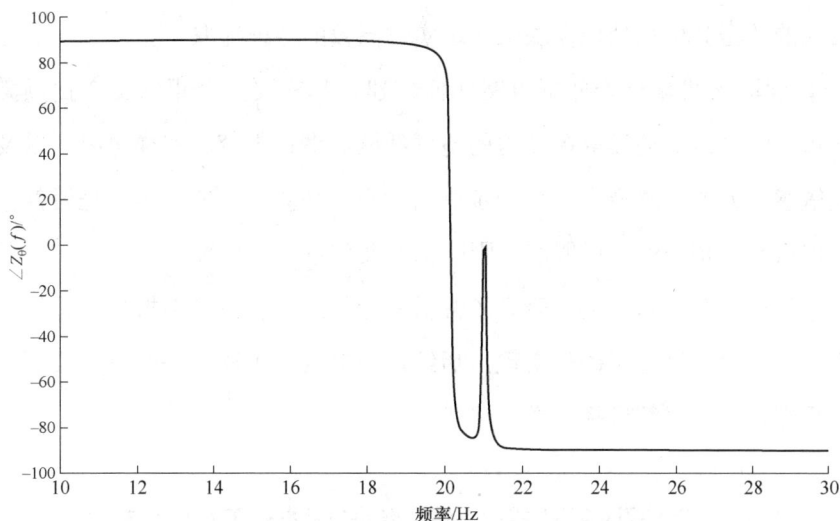

图 3-5 耦合后 U_{ref} 的相位频率响应曲线

电压信号，都无法获取如图 3-3 和图 3-5 所示的幅值相位的耦合谐振特征信号，因此，要实现本书所研究的压力调制的射频耦合谐振特征信号，并将这些特征转化为可视化，可处理的数据，还受到一些关键技术因素的约束，具体如下。

① 幅值和相位特征对于一个完整的矢量信号来说是两个很关键的分参量，但是在信号层面表现出来的形式又不一样，如果要实现硬件的模块化，必然需研究不同的提取方法来实现这两个特征参量的调制解调。

② 在硬件实现的过程中，不可避免地要引入噪声信号，而本书所研究的传感测试系统，敏感元件端的电容变化 ΔC 却很小，一般都小于 1 pF，如果硬件模块设计不合理，引入的噪声将覆盖所有有用的特征信号，不论采取何种精妙的算法提取出来的都将是噪声特征，而不是敏感单元的特征变化信号，在硬件实现模块里必须加入噪声的抑制单元，提高读取单元的测试精度。

③ 本书研究耦合谐振特征提取单元的目标即是取代传统的依赖于昂贵而又笨重测试仪器的实验室做法，研制可方便携带，并且对测试的动态过程可以实时和事后还原的可视化读取单元，这就需要研究将特征信号的量化和存储，该过程需高精度且完整地对测试数据进行分析和处理，因此，需要研

究后端的数据分析和处理算法来实现实时高效的特征提取。

④ 读取天线端无论外围电路如何构建，都需要一个正弦交变扫频激励源，该信源必须驱动读取单元内的电感线圈、调谐电容、取样电阻，以及与远端敏感单元的互感耦合。扫频步进的大小，扫频周期的长短，是否都会对微弱谐振频率特征信号提取产生影响都需要作进一步研究。

本章内容在此基础上，研究了幅值和相位这两种射频谐振耦合特征的提取方法，并对其进行了硬件实现，后续内容对两种不同方法的机理及硬件实现，后端数据处理都进行了详细阐述。

3.2 射频电磁耦合幅值谐振特征提取方法

线性扫频的正弦交变激励信号，如果工作在一个 LC 谐振回路中，当频率点到达谐振电路谐振频率时，电压值会最小。如果应用在本系统中，即扫频激励源信号电压峰值包络将出现如图 3-2 所示的幅值 – 频率响应曲线，本节的研究内容是通过模拟幅度调制解调的方法来提取 U_{ref} 上的幅度 – 相位谐振特征，并将其转换成可供系统进行数字量化的低频直流信号，最终使用所研究的数据特征提取算法来提取远端谐振敏感单元的变化。

3.2.1 阻抗幅值谐振特征提取方法

在信号传输领域，调制作为一个非常重要的概念和传输手段，是把信号转换成可以在信道传输的一个过程。本书所设计的幅度调制解调方法，为载波调制的一种，使用基带调制信号来控制载波的一个过程，调制信号（基带信号）为源激励生成的信号，载波是没有经过调制的信号，特征是周期性的振荡信号，载波经过调制之后，输出变为已调信号，后端再利用解调方法，将已调信号中的调制信号恢复出来，这个过程就称之为解调（检波）。幅度调制解调的原理就是用调制信号来控制载波信号的幅度变化，使其伴随着调制信号的特征做线性变化的过程，此时，设正弦型载波信号为：

$$c(t) = A\cos(w_c t + \varphi_0) \qquad (3\text{-}8)$$

式中，ω_c 为载波信号的角频率，φ_0 为初始相位（一般假设为 0°），A 为载波信号的幅度值，那么由前述调制过程的定义，已调的幅度调制信号可以表示为：

$$S_m(t) = Am(t)\cos\omega_c t \qquad (3\text{-}9)$$

式中，$m(t)$ 为基带调制信号。

如果设定已调信号 $S_m(t)$ 的频谱为 $S_m(\omega)$，而调制信号的频谱为 $M(\omega)$，则有：

$$S_m(\omega) = \frac{A}{2}[M(\omega + \omega_C) + M(\omega - \omega_C)] \qquad (3\text{-}10)$$

由上述分析可知，已调信号在幅度上的变化规律上与基带信号是保持一致的，并且呈正比例变化，这一点可以保证如图 3-2 和图 3-3 所示的互感耦合谐振包络特征在频域内保持不变地被解调出来，而已调信号在频域内只是调制信号频谱的线性搬移。这样就设计了如图 3-6 所示的幅度调制解调方法进行远端敏感单元的耦合谐振特征解调。根据上述模拟幅度调制解调原理，本书根据读取单元天线端的工作原理，在信号相乘之前，设定源端的正弦交变扫频激励为载波信号 $C_0\omega(t)$，而经过读取单元天线电感线圈后的同频同相取样信号为基带调制信号 $C_m\omega(t)$，即采用谐振电磁互感耦合信号去调制源端的激励信号，信号相乘之后的已调信号 $S_{AM}\omega(t)$，即携带远端传感器的耦合谐振特征。这样已调信号 $S_{AM}\omega(t)$ 的幅度是和基带调制信号 $C_m\omega(t)$ 保持同样的变化规律，即同样在远端敏感单元谐振频率点处电压出现突变峰值，而对其频谱结构并没有任何改变，仅是线性的平移，这样后端如果通过适当的解调方法（包络检波）可以实现幅度调制耦合谐振特征的解调和提取。

作为调制的逆过程，解调是从已调信号中恢复基带调制信号，本书采用相干解调的方法，即使用检波器和滤波器组合完成耦合谐振特征信号的幅度包络解调。如图 3-6 所示，如果令：

$$C_0\omega(t) = A\sin[(k\omega t + \Delta\omega) + \varphi_0] \qquad (3\text{-}11)$$

$$C_m\omega(t) = \frac{R_{\text{ref}}}{Z_1 + \dfrac{(\omega M)^2}{Z_2}} C_0\omega(t) = \frac{AR_{\text{ref}}}{Z_1 + \dfrac{(\omega M)^2}{Z_2}} \sin[(k\omega t + \Delta\omega) + \varphi_0]$$

$$（3\text{-}12）$$

$$S_{\text{AM}}\omega(t) = C_0\omega(t)C_m\omega(t) = A\sin[(k\omega t + \Delta\omega) + \varphi_0] \cdot \frac{AR_{\text{ref}}}{Z_1 + \dfrac{(\omega M)^2}{Z_2}} \sin[(k\omega t + \Delta\omega) + \varphi_0]$$

$$（3\text{-}13）$$

式（3-13）中，如果令初始相位为 0，即 $\varphi_0 = 0$，$k\omega t + \Delta\omega = \beta\omega$，二端口网络阻抗化简为：

$$\frac{R_{\text{ref}}}{Z_1 + \dfrac{(\omega M)^2}{Z_2}} = R_{\text{e}}(\beta\omega) + jI_{\text{m}}(\beta\omega) \qquad （3\text{-}14）$$

其中，$R_{\text{e}}(\beta\omega)$ 为二端口阻抗网络实部，$jI_{\text{m}}(\beta\omega)$ 为二端口网络虚部，这样式（3-13）可以化简为：

$$\frac{R_{\text{ref}}}{Z_1 + \dfrac{(\omega M)^2}{Z_2}} = R_{\text{e}}(\beta\omega) + jI_{\text{m}}(\beta\omega) \qquad （3\text{-}15）$$

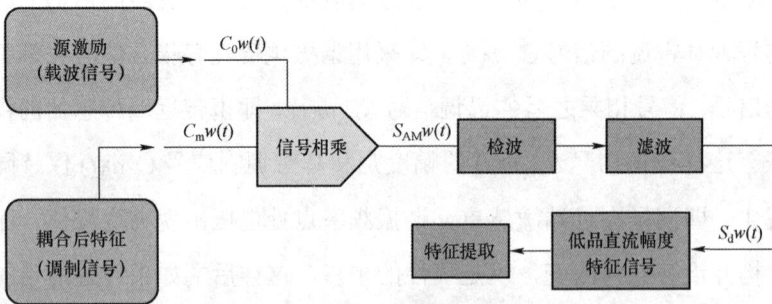

图 3-6　幅度特征调制解调基本方法

上述信号经过如图 3-6 所示的检波和滤波单元以后，信号中的高次谐波成分被抑制掉，保留了含有谐振幅值电压包络特征项，得到了滤波输出后特征项 $S_d\omega(t)$：

$$S_d\omega(t) = \frac{A^2 R_e(\beta\omega)}{2} \qquad （3-16）$$

式（3-16）是经过滤波后带有远端敏感单元幅值特征的直流输出，该输出含有谐振特征的峰值突变点，通过后续的相应算法即可提取特征，本书设计了读取天线端电感线圈 $L_1 = 3\,364$ nH，调谐电容 $C_1 = 15.13$ pF，$f_1 = 22.31$ MHz，$R_{ref} = 120\,\Omega$ 时，远端传感器 $L_2 = 3\,364$ nH，敏感电容 $C_2 = 12.28$ pF，$f_0 = 24.76$ MHz，对前述幅度调制解调方法进行了理论仿真，滤波后的 $S_d\omega(t)$ 仿真结果如图 3-7 所示。

从图 3-7 可以看出，利用调制解调算法，将二端口网络的阻抗幅值特征通过扫频激励源的电压幅值特征进行了表征，这样就可以在正弦稳态电路里通过硬件进行调理实现集成模块化的测试仪器，且输出结果是易于在低频信号范围内处理的直流成分，滤除了带来干扰的高频成分，这样后端可以通过高精度的量化采样和数据存储模块对测试过程中所提取的幅值特征数据进行谐振频率的解算和处理。

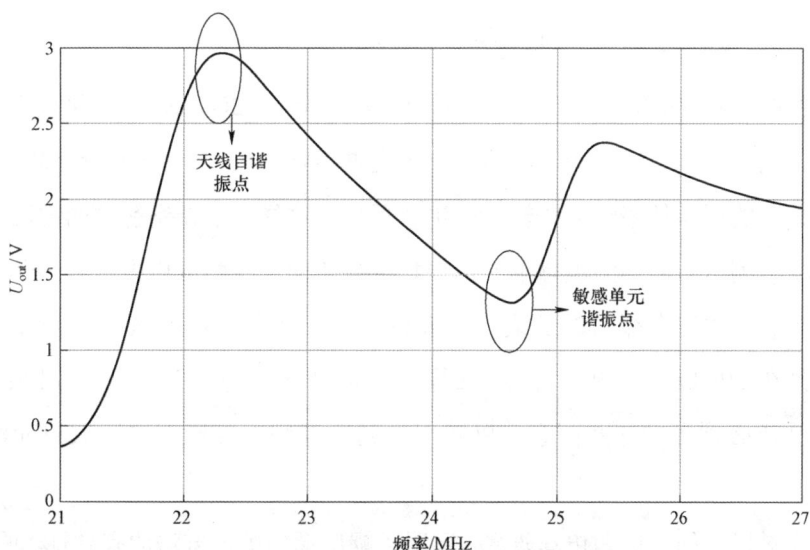

图 3-7　幅值特征调制解调方法仿真结果

上述幅值特征调制解调方法经过研究和验证，是可以对远端敏感单元的谐振特征进行提取和解算的，但是本书所研究的目标是需要提取经过压力调制的耦合谐振特征，利用前述无线无源高温压力传感器的原理分析，当压力变化时，引起敏感单元可变压敏电容的变化，自身谐振频率发生变化，因此，以下就对可变谐振频率变化在幅值频率响应曲线上的移动作了相应的仿真分析，如图 3-8 所示。

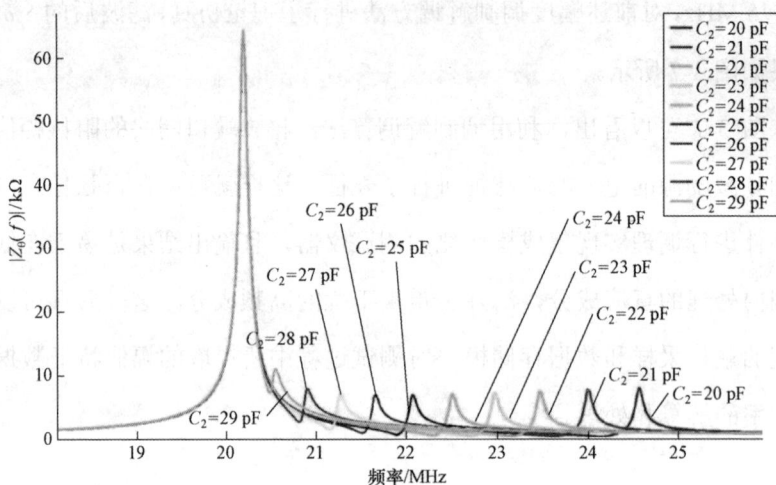

图 3-8　可变幅值特征调制解调方法仿真结果

由图 3-8 所示可知，当敏感单元可变电容 C_2 从 20～29 pF 变化过程中，幅值谐振特征调制解调的输出曲线上可变谐振特征也在频率轴上平移，也即敏感单元的谐振频率在频率轴上产生了平移，这样幅值调制解调的方法是可以用来检测压力调制的敏感单元谐振特征变化的，实际应用中，敏感单元的可变电容变化通常都在 2 pF 之内，最小的电容步进值约为 0.1 pF，频率变化范围约在 500 kHz 之内，因此，在硬件单元的设计和研究过程中，对频率源的设计还必须考虑这些因素，以实现高精度高频率分辨率的读取单元测试模块。

通过以上的分析和仿真研究，证明了幅度调制解调方法的有效性，同时，本书还通过相应的功能模块搭建，对本书设计了读取天线端电感线圈

$L_1 = 3\,364\,\text{nH}$，调谐电容 $C_1 = 7.56\,\text{pF}$，$f_1 = 31.56\,\text{MHz}$，$R_{\text{ref}} = 120\,\Omega$ 时，远端传感器 $L_2 = 3\,364\,\text{nH}$，敏感电容 $C_2 = 12.28\,\text{pF}$，$f_0 = 24.76\,\text{MHz}$ 的功能研究，信源由信号发生器完成，滤波器输出由示波器测试得到，从实验过程进一步测试验证了幅度调制解调单元的有效和可靠性，图 3-9 所示即为实验过程所截取的波形照片。

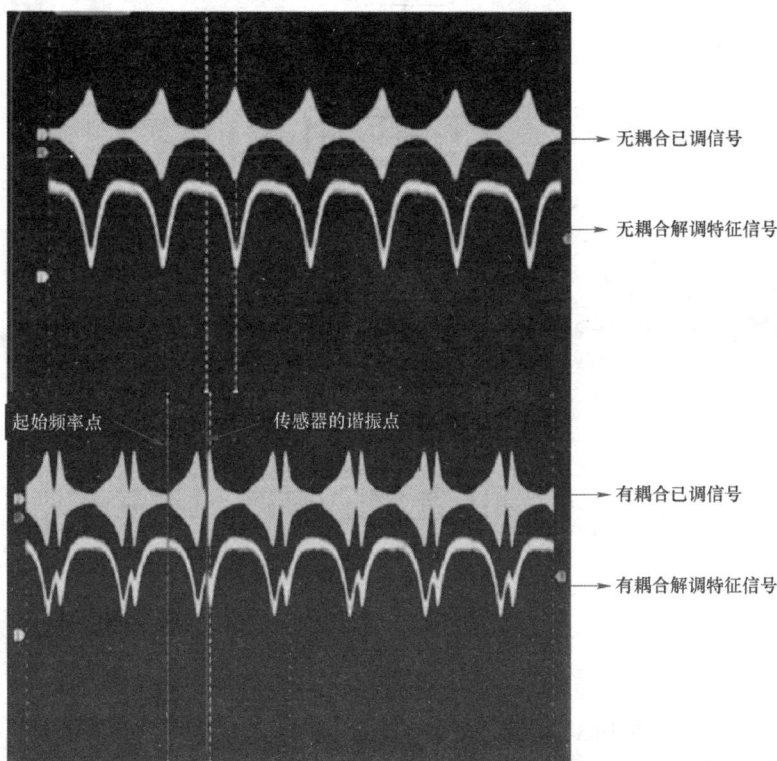

图 3-9　幅值调制解调方法的实验验证截图

3.2.2　阻抗幅值谐振特征数据提取算法及实现

携带远端敏感单元谐振信息的幅度信号经过解调后，已经转换成可供后续处理的低频直流信号，幅度谐振特征调制解调方法中的最后一个步骤即是对这些谐振特征幅度信号进行量化和数据处理，量化部分将通过硬件电路进行数据采集实现，采集后的数据通过预先设置好的帧结构一方面存储到专用集成测试模块的 FLASH 存储模块中，另一方面通过 USB 接口传输至计算机进行谐振特征提取，这些数据是以扫频源的扫频周期分段后进行单周期频率提取，提取后的频率再绘制成谐振频率曲线，以下将介绍幅度谐振特征信号的数据处理流程（如图 3-10 所示）。

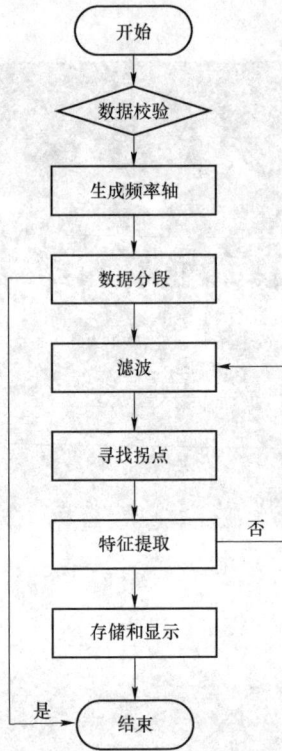

图 3-10　幅度谐振特征信号数据处理流程图

　① 测试终端计算机读取和存储读取单元回传后的测试数据后，首先分析整个测试过程中数据的完整性和准确性，如果存在错误的数据帧结构和内容将不予处理。确认数据正确后，将按照下述步骤进行幅度谐振特征低频直流信号的频率提取。

　② 生成频率特征轴 X 轴：起始坐标的值由数字合成线性扫频源中的起始频率决定，终止坐标由终止频率决定，而频率的步进值由数字合成线性扫频源的步进值和幅度谐振特征低频直流信号的采样值决定，本书中所研究的幅

72

度提取硬件测试模块步进值最小为 3 kHz，扫频的周期为 1 ms，单周期的采样值为 500 kHz，即 1 ms 之内，线性扫频源采样点数为 500 个。

③ 数据分段：该部分是从所提取的数据中找到起始频率和终止频率的控制字，在数字合成线性扫频源的逻辑控制设置时，会在启动和结束时将控制字随幅度谐振特征信号直流采样的数据一起写入存储模块，作为分段标志，软件程序只需找到起始和初始控制字，即可将数据分为 N 段，$N = S/T$。其中，S 为所读取的数据总长度，T 为单个扫频周期内的采样点数。本过程是在步骤①判断准确的基础上执行的，如果判断到有错误的周期，系统将会自动视该周期数据为无效。

④ 滤波：在实际的读取单元硬件电路工作和直流采样过程中，系统会引入着各种各样的噪声和毛刺，导致数据中谐振特征的驻点存在很多干扰，如果不进行处理，将会给谐振特征提取结果带来很大的误差。在这个步骤中，我们会使用 MATLAB 软件中的滤波函数进行滤波，将采集得到的直流波形进行平滑处理，为后续步骤准确提取频率值作好准备。

⑤ 驻点提取：该部分内容就是通过 MATLAB 中的微分函数找到如图 3-7 中所示的三个驻点（S_1、S_2、S_3），如前述分析，只有其中一个驻点 f_0 是携带谐振频率特征的，但是这三个驻点的数学特征很明显，S_1 与 S_3 是极大值点，而所要寻找的特征点为极小值点，这样可以根据 MATLAB 中的微分函数找到该谐振频率特征的驻点作为特征点。

⑥ 谐振频率提取：根据步骤⑤中提取出来的驻点，使用软件中的追踪定位工具，该点在步骤②中生成的频率信息横轴中对应一个横坐标，该横坐标即是该周期内远端敏感单元 LC 谐振传感器的谐振频率，将该点的横纵坐标提取，并保存在一维数组中，返回步骤④依次循环，找到每个周期内的谐振特征点，存储文件并绘制测试时间内的测试波形。

本节所研究的数据谐振特征提取算法在后续的硬件读取单元模块已经作为单一功能集成于测试终端计算机软件中，其中的关键步骤是滤波和谐振特征点的提取，如果处理不得当将会给测量结果带来误差。

3.3 射频电磁耦合相位谐振特征提取方法

3.3.1 阻抗相位谐振特征提取方法

通过 3-3 的分析可知，本书所研究的射频电磁耦合系统，在读取单元端，当扫频源激励流过读取天线且有谐振互感耦合发生时，由于读取天线回路阻抗的变化，使得扫频源信号也发生了相应变化，由 3.1 节中的分析可知，在相位-频率响应曲线上将会出现如图 3-4 和图 3-5 所示谐振特征峰值，此时，如果提取相位-频率曲线峰值处的频率值，即为远端敏感单元的谐振频率值。本节即研究提取该峰值的方法。

鉴相器作为锁相环的重要组成部分，是一种可以输出电压表征两个输入信号相位差的功能电路，通常应用于调频调相信号的解调，分为模拟鉴相器和数字鉴相器两种。鉴相器作为相位比较器，将输入的两个信号相位差值进行比较，输出端给出一个与相位差值相关的电压差值信号可以表示为：

$$U_s(t) = f[\delta_e(t)] \tag{3-17}$$

通常使用的都是正弦型的模拟鉴相器，它是由模拟乘法器和滤波器组合完成其功能，本书首先通过建立鉴相器的数学和物理模型来分析后续测试方法的研究过程，本书所使用到的两个输入信号，一个是由扫频激励源生成的信号 $U_1(t)$，相位为 $\delta_1(t)$，另一个输入信号则是流经取样电阻，与读取天线电感线圈同频同相的信号 $U_2(t)$，相位为 $\delta_2(t)$，输出的相位差值为 $U_s\sin\delta_e(t)$，表征电压为 $U_s(t)$，则有如图 3-11 所示的鉴相器模型图，利用其原理，将输入的两个信号相乘和滤波后，通过检波电路的特性，输出一个电压值表征两个信号的相位差值。

本书所研究的互感耦合相位谐振特征提取方法更多地关注与研究两种信号的相位差值处对应的谐振频率值，而不关注相位具体的值大小，这样在提取过程中，需要更多地关注和研究相位差峰值处对应的频率分辨精度，才能更精准地去研究远端敏感单元谐振频率的变化规律。如图 3-12 所示，如果假设源端线性扫频源激励信号为 $C_0\omega(t)$，初始相位为 $\theta_0\omega(t)$，流经取样电阻上的信号与读取天线电感线圈上的信号同频同相，令该信号为 $C_m\omega(t)$，相位值为 $\theta_m\omega(t)$，读取天线回路阻抗为 $Z_{eq} = R_e(\omega) + jI_m(\omega)$，这样由前述分析可知：

$$C_m\omega(t) = Z_{eq}C_0\omega(t) = C_0\omega(t)(R_e(\omega) + jI_m \mid (\omega)) \tag{3-18}$$

这样就可以计算出信号 $C_0\omega(t)$ 的相位值为：

$$\angle C_m\omega(t) = \arctan\frac{I_m\{Z_i\}}{R_e\{Z_i\}} \tag{3-19}$$

这样源端信号 $C_0\omega(t)$ 和耦合谐振特征信号 $C_m\omega(t)$ 相位差值就是：

$$\angle C_m\omega(t) - C_0\omega(t) = \angle Z_{eq} = \arctan\left[\frac{\left(1-\frac{\omega^2}{\omega_0^2}\right)+\frac{\omega^2}{\omega_0^2Q^2}+k^2\frac{\omega^2}{\omega_0^2}\left(1-\frac{\omega^2}{\omega_0^2}\right)}{\frac{k^2\omega^3}{\omega_0^3Q}}\right] \tag{3-20}$$

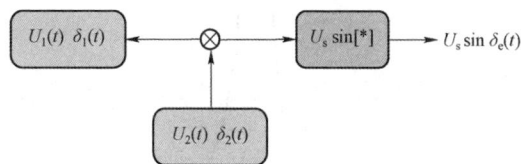

图 3-11　鉴相器工作原理模型图

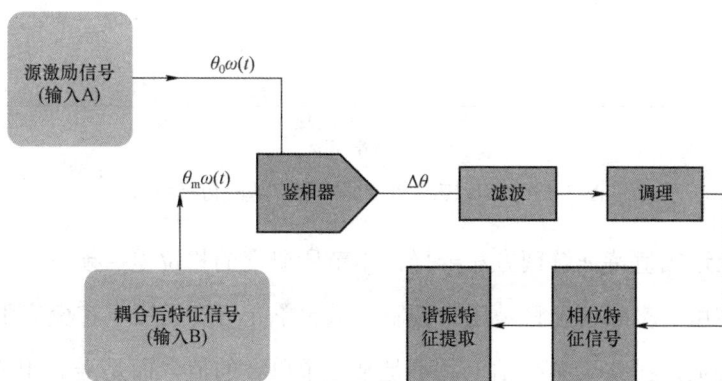

图 3-12　相位差调制解调谐振特征提取方法原理图

通过鉴相器的功能分析，即可将如式（3-20）所示的携带谐振耦合信息的相位差值以直流电压的形式由输出端输出到后端处理电路，很明显，在式（3-20）中含有远端敏感单元的谐振频率信息，这样就会在这个差值中出现如图 3-4 和图 3-5 所示的谐振特征峰值，在输出的相位差频率响应曲线上，提取该点的频率值即为敏感单元谐振器的谐振频率。

根据上述分析，对所研究的相位差值鉴相提取方法进行了仿真，设置读取天线端电感线圈 $L_1 = 3\,364$ nH，调谐电容 $C_1 = 15.13$ pF，$f_1 = 22.31$ MHz，$R_{ref} = 120\,\Omega$ 时，远端传感器 $L_2 = 3\,364$ nH，敏感电容 $C_2 = 16.18$ pF，$f_0 = 21.57$ MHz，对上述幅度调制解调方法进行了理论仿真，相位差值的鉴相器输出电压值仿真结果如图 3-13 所示。

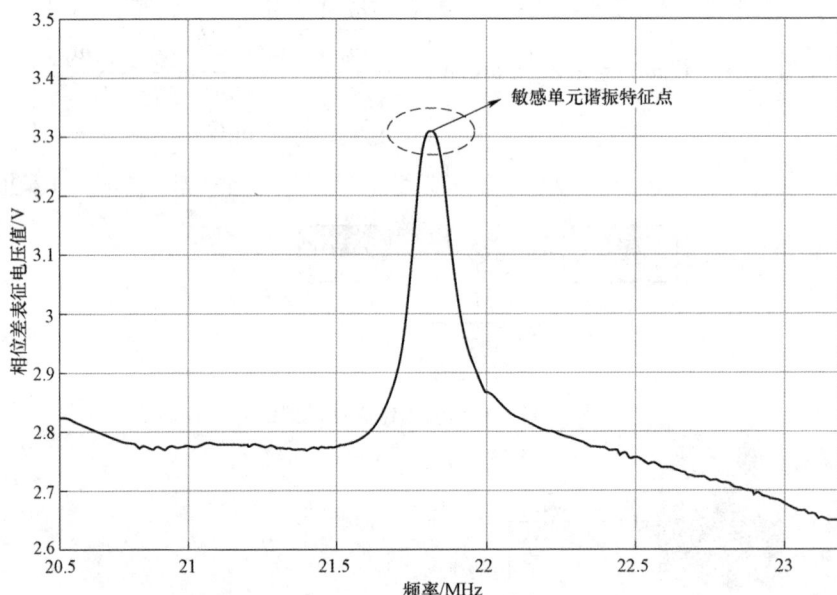

图 3-13　相位差鉴相特征提取方法的仿真结果

同上述幅值特征解调方法一样，本节所研究的相位差－频率特征提取方法所要应用的实际情况将是压力调制的敏感单元可变压敏电容变化引起的谐振频率特征，在整个频率轴上并不是某一个单一的值，而是沿着相位差－频率响应曲线做一定间隔移动的量，这样，就必须对前述的特征提取方法在可变谐振频率平移状态下进行相关研究。

如图 3-14 所示，设置敏感单元可变电容为 20～29 pF，这样敏感单元谐振频率也将沿着频率轴平移，从曲线中可以看到，相位差值谐振特征鉴相输出曲线沿着频率轴等间隔移动了一定的频率范围，相位差值的鉴相输出是可以用来提取压力调制的谐振特征信号的，并且相比较幅值特征来说，相位差值谐振特征曲线上的峰值点相对于来说比较简单，自有一个极值，这就给后续的数据处理带来一定的便利。同样从曲线中可以看到，相位差值的大小并不是以恒定的值做平行移动，而是随着敏感单元谐振频率与天线谐振频率差值越来越大时，差值也越来越大，但是本书所研究的是谐振特征点处的频率值，相位差值的大小并不会对敏感单元谐振频率大小造成影响。

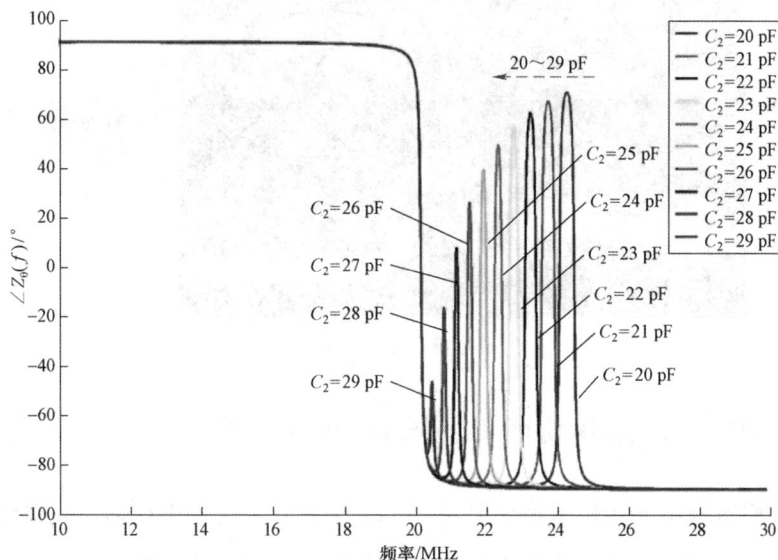

图 3-14　可变相位差谐振特征鉴相仿真结果

如图 3-15 所示为根据上述仿真和分析的结果，利用现有的鉴相模块及示波器、信号发生器对仿真结果进行实验验证的输出截图。实验过程的相关参数为：读取天线端电感线圈 $L_1 = 3\,364\,\text{nH}$，调谐电容 $C_1 = 7.56\,\text{pF}$，$f_1 = 31.56\,\text{MHz}$，$R_{\text{ref}} = 120\,\Omega$ 时，远端传感器 $L_2 = 3\,364\,\text{nH}$，敏感电容 $C_2 = 12.28\,\text{pF}$，$f_0 = 24.76\,\text{MHz}$。从图 3-15 中可以看出，实验结果很好地验证了经过谐振特征调制后的相位差值鉴相器输出曲线，通过读取峰值处的谐振频率 $f_0 = 24.31\,\text{MHz}$，与理论

$f_0 = 24.76\,\text{MHz}$ 及阻抗分析仪器读取值 $f_0 = 24.37\,\text{MHz}$ 相近，其中的误差是由于耦合距离的不一致以及信源频率的精度不同造成的，这样，后续可以根据本节研究结果研究相位差值特征提取硬件电路。

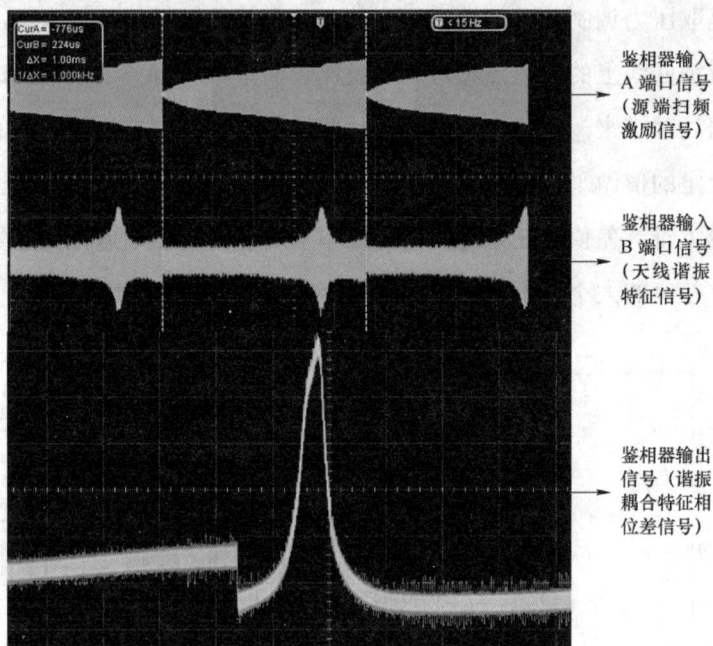

图 3-15　相位差值谐振特征鉴相提取方法的实验验证截图

3.3.2　阻抗相位谐振特征数据提取算法及实现

鉴相器输出的相位差值信号是一个电压信号，这个电压信号是以线性扫频源的扫频周期为自身跳变周期的，且在每个周期内的远端敏感单元 LC 谐振频率点处都有一个最大的峰值出现在相位差值电压表征曲线上，这样在数据的判读和谐振特征提取上，相比较幅度调制谐振信号的特征提取上就相对简易，如图 3-16 所示为相位差值电压表征信号的特征提取数据处理流程图。

从图 3-16 可以看出，除特征点的提取外，其他部分与幅值特征信号的数据处理流程是一致的，依次是：数据正确性判断、生成频率轴、数据分段、滤波、寻找特征点、谐振频率提取，但是其中的关键步骤特征点提取相对于幅值谐振信号特征提取来说要相对简单，由于鉴相器输出的如图 3-13 所示的特征电压表征信号在单一的扫频周期内，只有其中的最大值点与远端敏感单元的谐振频率点相关，这样只需要在滤波过程和极值的线性化处理上进行严格处理，就可以对谐振特征进行提取，也节省了提取时间，提高了测试精度。

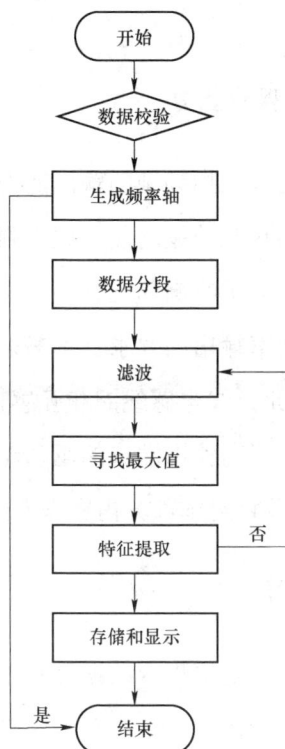

图 3-16　相位差值谐振特征提取方法的数据处理流程图

3.4　射频电磁耦合谐振特征提取方法的关键影响因素

在 3.1 节～3.3 节所研究的幅值和相位谐振特征提取方法中，显然是可以利用电磁互感耦合后的阻抗特征变化，变换到了读取天线电感线圈回路电压的信号幅值和相位的变化，最终利用幅度调制解调，相位差值鉴相电压表征输出的方法将特征曲线以低频直流的形式输出到后端处理电路进行特征提取，但在研究过程中，发现在这两个特征提取方法中仍然存在一些因素影响了谐振频率的输出结果，对谐振频率的读取精度和信号的有效传输提出了挑战，以下从四个方面分析这些影响因素的作用机理和解决方法。

1. 线性扫频激励源的驱动能力

本书所研究的读取单元线性扫频源的输出能力也从另一个角度影响着读取的精度和可靠性，如果扫频源的驱动能力达不到系统的功率要求，那么，他将无法驱动读取天线端的电感线圈和互感耦合所需的能量。所以，在研制读取单元时，必须考虑功率输出的要求，本书采用数字合成线性扫频源技术（DDS），为满足读取单元天线电感线圈和互感耦合能量的要求，在 DDS 输出端使用了功率放大器，提高输出端口的驱动能力，尤其是针对幅度调制解调方法的幅度要求，3.6 节将对本部分内容作专门研究。

2. 读取天线的中心频率

天线的中心谐振频率在本电磁耦合谐振信号传输和特征提取上，也起着关键作用。要对谐振特征进行提取，首先要满足电磁互感耦合的发生，其次是敏感单元产生谐振，这样才能将谐振耦合信号有效传输并对谐振特征进行可靠提取，在研究过程中，我们发现当读取天线和远端谐振敏感单元的谐振频率相近时，即在天线通频带内（读取天线端谐振频率是 3 dB 频率的几何平均值，$\Delta\omega = \dfrac{\omega_0}{Q}$），要满足远端敏感单元谐振频率处于天线通频带内，仅靠单线圈的方式是无法满足的，本书在研究过程中，在天线端引入了调谐电容 C_2，这样就可以任意调节天线端谐振频率的变化，使得远端传感器谐振频率落在天线谐振单元的通频带内。如图 3-17 所示，C_1 为引入的调谐电容，C_p 为电感线圈的寄生电容，这样就可以得到天线端此时的等效阻抗为：

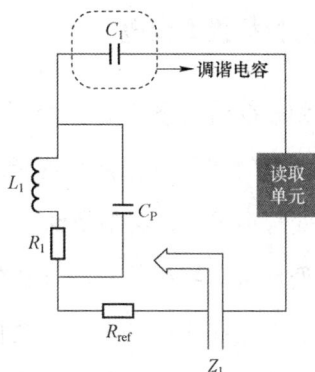

图 3-17　引入调谐电容后的读取天线端等效电路图

$$Z_{\text{read}} = \frac{R_1}{(\omega R_1 C_P)^2 + (\omega L_1 C_P - 1)^2} - j\left[\frac{\dfrac{\omega L_1^2}{C_P} - \dfrac{L_1}{\omega C_P^2} + \dfrac{R_1^2}{\omega C_P}}{R_1^2 + \left(\omega L_1 - \dfrac{1}{\omega C_P}\right)^2} + \frac{1}{\omega C_1}\right]$$

（3-21）

式（3-21）中，如果读取天线端产生谐振则虚部应该为零，即：

$$\frac{\dfrac{\omega L_1^2}{C_P} - \dfrac{L_1}{\omega C_P^2} + \dfrac{R_1^2}{\omega C_P}}{R_1^2 + \left(\omega L_1 - \dfrac{1}{\omega C_P}\right)^2} + \frac{1}{\omega C_1} = 0$$

（3-22）

则可以求得此时的谐振频率为式（3-23）所示，式（3-23）即为读取天线端引入调谐电容 C_1 后的谐振频率，调谐电容的大小和谐振频率的大小即可根据本式计算得出，这样就可以将远端敏感单元的谐振频率 ω_0 设置在天线的通频带内 $\dfrac{\omega_{\text{read}}}{Q_{\text{read}}}$，以期达到最好的耦合信号传输效果。

$$\omega_{\text{read}} = \frac{\sqrt{(R_1^2 C_P C_1 + R_1^2 C_P^2 - 2C_P L_1 - L_1 C_1) - 4(C_P C_1 + C_P^2)L_1^2}}{2C_P(C_1 + C_P)L_1^2}$$
$$- \frac{(R_1^2 C_P C_1 + R_1^2 C_P^2 - 2C_P L_1 - L_1 C_1)}{2C_P(C_1 + C_P)L_1}$$

（3-23）

3. 低 Q 值谐振引起的特征提取误差

在高温环境下，由于系统 Q 值随环境变小，这样就出现了如图 3-18 所示的极值特征不明显的现象，幅值特征信号频率响应曲线或者相位差值特征信号频率响应曲线特征值处变得很平滑，而不是像高 Q 值状态下那么陡峭而明显。这样在软件进行数据处理时，给极值点的寻找带来很大的难度，甚至会同时找到几个相同的极值点，这样在特征提取的过程中带来了极大的不便，容易产生误差或提取错误。本书设计了一种线性化的处理方法，即提取极值附近左右两侧的 N 个有效数，将这些数据通过最小二乘法拟合为两条斜率不同的直线，直线相交点处即为极值点，解决了低 Q 值处的谐振特征提取难度大的问题。

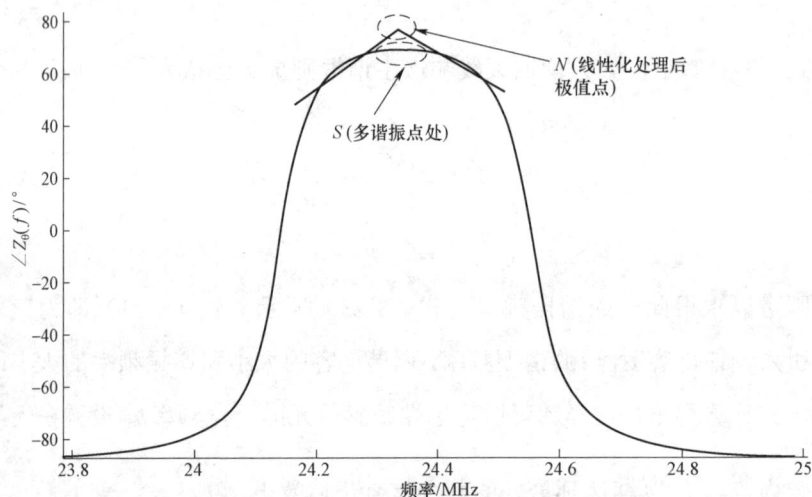

图 3-18　低 Q 值峰值曲线的线性化处理

4. 耦合距离引起的多谐振频率值

在测试方法的研究过程中，当进行实际的谐振特征提取实验时，我们发现了另一个现象，即当远端敏感单元与读取单元的电感线圈耦合距离发生变化时，读取单元所提取到的谐振频率在发生变化，并不是保持同一个值。理论上敏感单元 LC 谐振器的谐振频率并不随着外部因素的变化而变化，仅与自身的电感和电容参数有关，但是在敏感单元 LC 谐振器沿轴向移动时，自身电感电容参数并没有发生变化，那么就需要从电磁互感耦合信号传输的角度去分析，由 2.3 节及 3.1 节的分析可知，互感耦合两端的电感线圈发生电磁耦合以后，表征两个电感线圈耦合强度大小的物理量是互感系数 M，无量纲表征为耦合因数 k，2.3 节中给出的互感耦合分布式参数模型中，引入了漏电感的概念，漏电感是随着耦合距离变化的，在不同的耦合距离上由于漏电感的存在，两个电感线圈之间的耦合强度是不同的，也即互感系数不同（详细分析过程请参照 4.2 节）。因此，可以分析出在式（3-24）中，当互感系数 M 发生变化时，读取天线回路内的阻抗在敏感电容引起的远端谐振频率 f_0 实际值保持不变时，读取单元由幅度和相位特征提取算法提取的谐振频率结果是发生变化的。

$$Z_i = R_1 + j2\pi f L_1 + \frac{1}{j2\pi f C_1} + \frac{(2\pi f M)^2}{R_2 + j2\pi f L_2 + \dfrac{1}{j2\pi f C_2}} \quad (3\text{-}24)$$

为此，图 3-1 所示的电磁互感耦合系统中，互感两端的各项电参数均保持不变，只改变两个电感线圈之间的耦合距离，即互感耦合系数 M 发生变化时，仿真分析幅值调制解调谐振特征信号频率响应曲线的变化情况，仿真结果如图 3-19 所示，当互感系数 M 由 1.654×10^{-7} H 变化至 2.364×10^{-8} H 时，远端传感器的谐振频率在频率轴上发生了平移，变化范围约为 730 kHz，而本书所研究的陶瓷基压力敏感单元最大的动态谐振频率变化范围约为 400 kHz，这样的测试值误差是不能允许的。在仿真结果中，做了两种情况进行研究，第一种是远端敏感单元的谐振频率 f_0 小于天线读取端的自谐振频率 f_1，另一种情况则是敏感单元的谐振频率 f_0 大于天线读取端的自谐振频率 f_0，这两种情况的变化规律是不一样的，当 $f_0 < f_1$ 时，随着耦合距离的增大，互感系数减小，所提取到的谐振频率也在逐渐减小，当 $f_0 > f_1$ 时，随着耦合距离的减小，互感系数增大，所提取到的谐振频率在逐渐增大，这样在测试和验证时，是需要分两种情况的。

为了对上述的仿真结果进行验证，本书研究并设计了一个实验平台，对耦合距离引起的谐振特征变化仿真分析结果进行实验验证，文中远端敏感单元由 PCB 印制结构模拟陶瓷基传感结构，具体参数见表 3-1。本次实验设置了两种调谐电容，目的是将模拟敏感单元的谐振频率分别调谐读取天线端自谐振频率左右两侧，但是都均保持在读取天线回路的通频带之内。

表 3-1　耦合距离－谐振频率变化验证实验测试参数

参数	符号	值
敏感单元电感	L_1	1 982 nH
读取天线电感	L_2	1 982 nH
读取天线电容	C_1	30 pF
敏感单元调谐电容 2	C_2	36 pF
敏感单元调谐电容 2	C_2	25 pF

如图 3-20 所示为实际验证实验所测试得到的结果，分为两种情况，第一种情况即是当 $f_0 > f_1$ 时所测试的数据，当耦合距离由 18 mm 增大至 32 mm 的过程中，谐振频率变化了 317 kHz，且远端模拟传感器的谐振频率随着耦合距离的增大，谐振频率在逐渐减小，并且在 18～24 mm 的区间段内，频率变化剧烈。第二种情况是当 $f_0 < f_1$ 时所测试的数据，耦合距离变化范围是从 18 mm 增大至 36 mm，远端模拟敏感单元的谐振频率随着耦合距离的增大而

增大，频率变化为 276 kHz，且在整个距离变化范围内，频率变化很平稳，基本呈线性趋势。

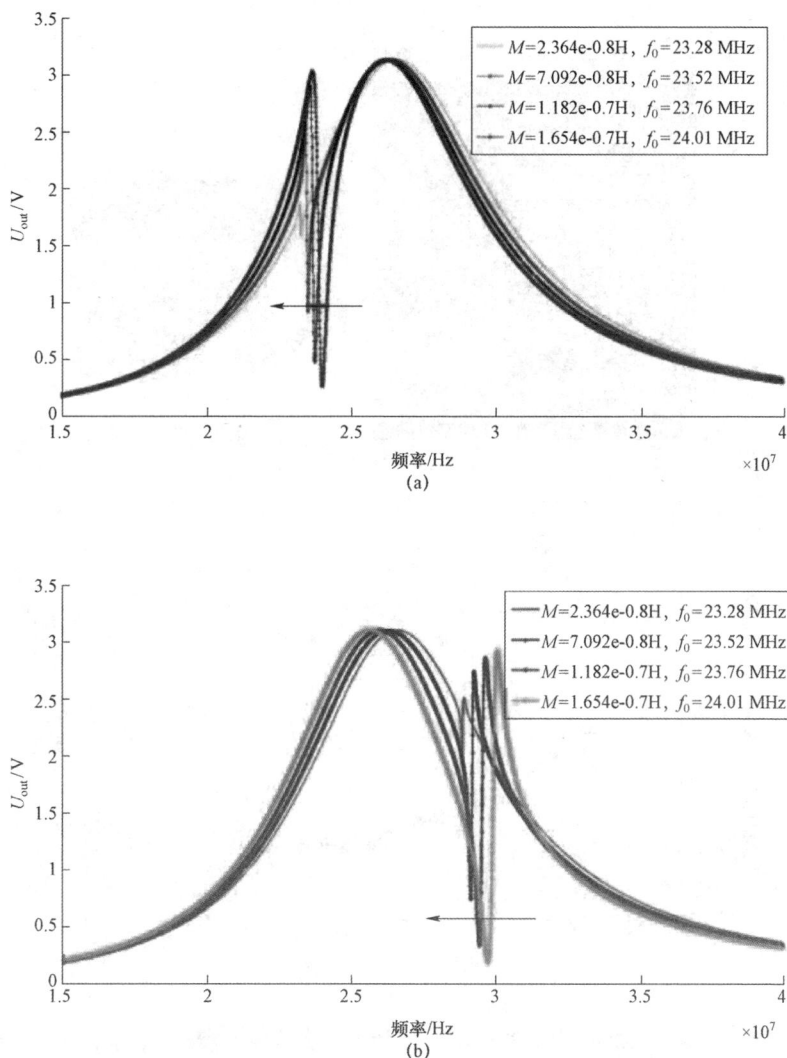

图 3-19 互感系数变化时幅度谐振特征信号频响曲线变化情况仿真分析
（a）远端传感器；（b）陶瓷基压力敏感单元

由上述的仿真分析及实验测试可知，当耦合距离变化时，远端谐振单元 LC 谐振频率将随着耦合距离方向产生响应的变化，并且变化范围已经远超过本书所研究的真实谐振传感器谐振频率在压力调制下的变化范围，这个误差是不可忽略的，因此，本书拟采用最小二乘曲线拟合的办法，将所产生的偏移谐振频率拟合到真实频率值上进行耦合距离补偿算法设计。

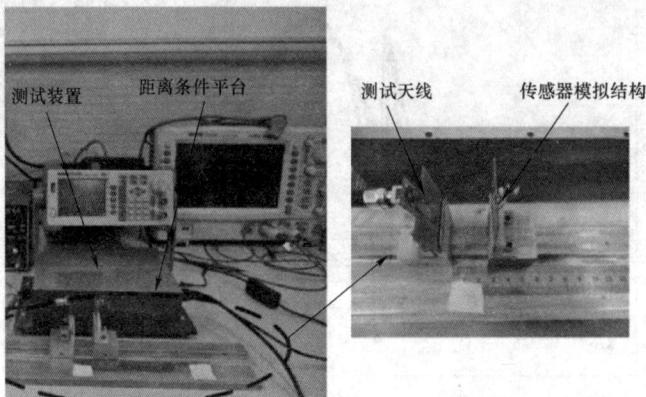

（a）实验装置

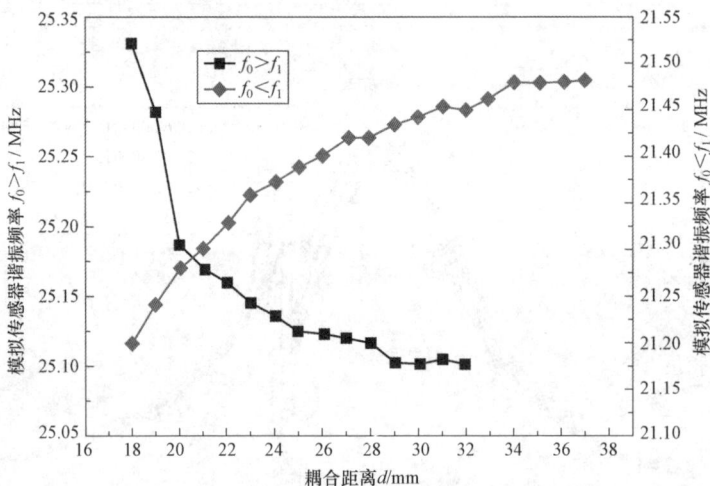

（b）实验验证结果

图 3-20 耦合距离–谐振特征变化实验验证

（a）实验验证结果；（b）实验装置

若取基函数为：

$$\varphi_0(x)=1, \varphi_1(x)=x, \varphi_2(x)=x^2, \cdots, \varphi_m(x)=x^m \qquad （3-25）$$

则它们的线性组合：

$$p(x) = a_0 + a_1 x + a_2 x^2 + \cdots + a_m x^m (m < n-1) \tag{3-26}$$

是关于 x 的 m 次多项式。如果将 n 个实验数据样本 (x_i, y_i) 带入式（3-25），就可以得到一个 $m+1$ 个未知数 a_k 的 n 个方程的方程组。

$$\begin{aligned}
a_0 + a_1 x_1 + a_2 x_1^2 + \cdots + a_m x_1^m &= y_1 \\
a_0 + a_1 x_2 + a_2 x_2^2 + \cdots + a_m x_2^m &= y_2 \\
&\vdots \\
a_0 + a_1 x_n + a_2 x_n^2 + \cdots + a_m x_n^m &= y_n
\end{aligned} \tag{3-27}$$

在进行检测实验前，先使用阻抗分析仪器读取敏感单元的固有谐振频率 f_0，再在不同的耦合距离下读取到不同的谐振频率值 f_d，这样在这两个值之间就存在一个差值：

$$\Delta f = |f_0 - f_d| \tag{3-28}$$

这样在耦合谐振特征读取之前，先对所要被测的传感器进行耦合距离测试，x_i 为某一固定的距离值 d，y_i 为在某一距离值下所读取到的远端敏感单元的谐振频率与真实频率的差值 Δf_i，将其代入式（3-26），将可以得到一个高阶多项式，该多项式即为该传感器的耦合距离特征变化式。如果下一次测试之间，可以测试到当前的距离 x_i，代入所拟合的多项式求得 Δf_i，将读取单元在该耦合距离下测试到的频率值 f_d 加上或者减去这个差值，即可得到补偿以后的敏感单元谐振频率值。

根据上述补偿算法，本书通过读取单元对两种情况下的不同耦合距离进行了补偿算法的测试验证，测试实验中，模拟敏感单元的真实谐振频率值为 20.87 MHz，耦合距离由最近的 5 mm 增大到 20 mm，在 $f_0 > f_1$ 和 $f_0 < f_1$ 两种情况下对补偿算法进行了测试验证，频率左偏和右偏通过读取天线端的调谐电容实现，如图 3-21 和图 3-22 所示为耦合距离补偿算法验证实验测试结果。

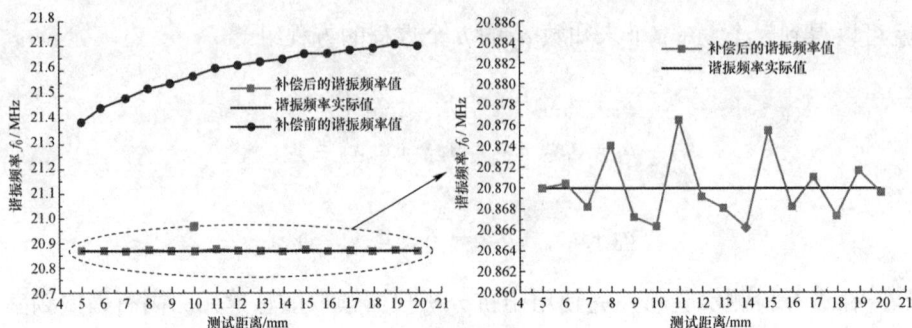

图 3-21　耦合距离补偿算法验证实验测试结果（$f_0 < f_1$）

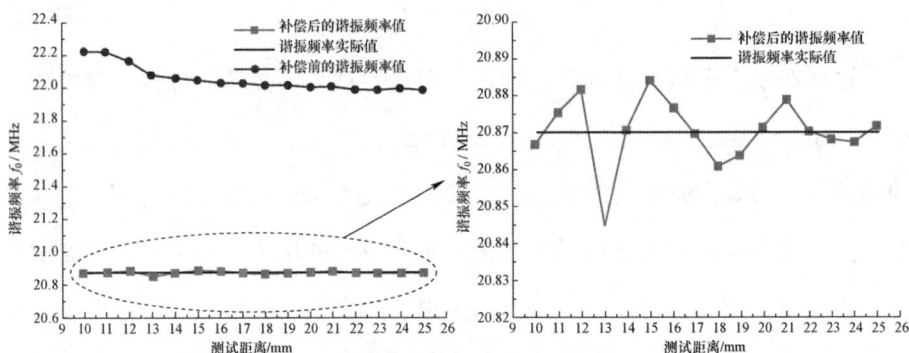

图 3-22　耦合距离补偿算法验证实验测试结果（$f_0 > f_1$）

3.5　射频耦合谐振特征提取方法的硬件实现

本节的主要研究内容就是在前述研究方法的基础上，实现硬件的集成模块化，研制专用的集成测试模块电路取代实验中阻抗分析仪器去完成射频谐振式电磁耦合信号的无线传输和特征读取，为后续的无线无源高温压力测试系统构建提供读取单元。从硬件的角度去完成 3.2 节和 3.3 节所研究的读取方法的专用集成模块化。该集成测试模块包括正弦线性扫频源激励、混频乘法器、检波滤波模块、信号调理、数据采集存储、在线监测及特征提取软件,前端通过射频电缆与读取天线相连,后端通过 USB 接口与测试终端计算机通信,可在线监测被测远端无源 LC 谐振器谐振频率变化,也可以事后读取测试过程的量化数据,还原测试过程。图 3-23 所示为测试模块功能单元。

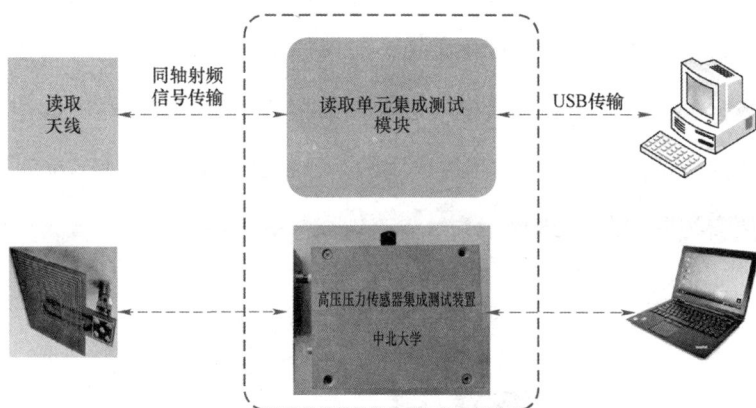

图 3-23 基于集成测试模块的硬件单元

图 3-23 所示为本书所研制的集成测试装置及其所在测试单元中的连接关系,本节及 3.6 节主要介绍和研究该集成测试模块单元的硬件实现和功能构成。

3.5.1 射频电磁耦合幅值谐振特征提取方法的硬件实现

本书所研究的幅值谐振特征调制解调方法的核心功能是实现扫频激励源信号和经过读取天线电感线圈后信号的相乘调制,并通过后续的解调电路解调出幅值包络。如图 3-24 所示,可编程逻辑控制单元控制数字合成线性扫频激励(3.6 节所述)输出线性扫频激励信号,该信号通过功率放大电路后,一方面输出到混频乘法器本征输入端作为载波信号,另一方面输出到由电感线

圈 L_1、调谐电容 C_1、取样电阻 R_{ref} 组成读取天线回路驱动天线与远端敏感单元LC谐振回路互感耦合。取样电阻 R_{ref} 上的信号表征了互感耦合的谐振特征，将其输入到混频乘法器的射频输入端作为调制基带信号。混频乘法器采用 AD 公司生产的商用芯片 AD831 实现，混频乘法器 AD831 输出到本书所设计的低通滤波器进行调制解调，低通滤波器截止频率为 1 kHz，经过低通滤波后的信号是可供系统进行量化采集且携带耦合谐振信息的低频信号，因此，上述过程完成了高频扫频激励正弦信号到低频谐振特征信号的转换。数字处理单元首先将该低频信号进行量化采集，实现模拟信号到数字信号的转换，量化后的数据一方面传输到存储模块进行数据存储，另一方面输出到计算机进行测试数据特征提取，量化器芯片选用的是 AD 公司的商用 AD7667 芯片完成（硬件实物图如图 3-25 所示）。

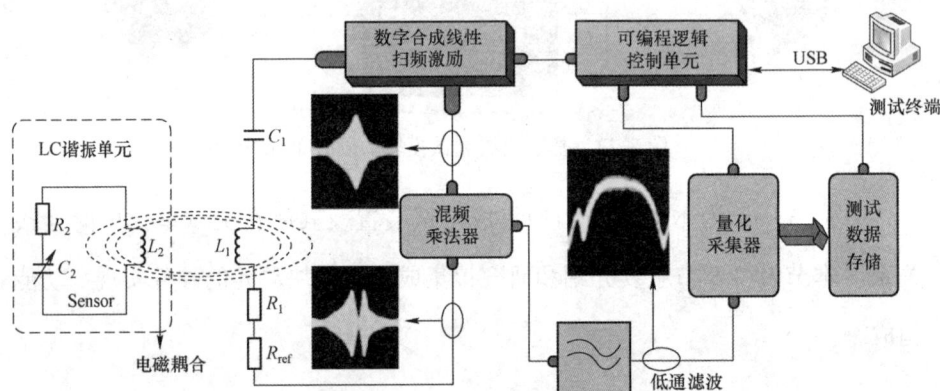

图 3-24 幅值特征提取硬件模块的原理结构

图 3-24 所示的硬件模块原理中，混频乘法器及低通滤波器是实现调制解调的关键单元，本书选用了 AD831 芯片作为主要功能芯片来完成，AD831 使用双差分结构的模拟乘法器混频电路设计而成，内部由混频结构、限幅放大结构、低噪声输出放大电路结构、偏置电路结构组成。该芯片的特点是低失真、宽动态范围的有源混频器件（可达 500 MHz），三阶截距为 +24 dBm，

且输入驱动能力可低至 – 10 dBm，这样可以完全满足本系统的频率和功率要求，采样双电源供电（±5 V）。携带互感耦合取样特征信号首先输入到芯片内部的三极管基极，而扫频源端口的本振信号输入进一个高增益、低噪声的限幅放大结构转换为其他波形，后续将这两个信号交叉到两个三极管的基极实现混频相乘。混频后的信号输出至后端的低通滤波器进行解调输出，调制后的信号由于是双端解调，因此电压一直是负数，滤波器的设计也是无源设计，因此，幅度较之原来有降低，在后端电路上采用了偏置放大和跟随调理，稳定特征信号的波形和耦合谐振特征。

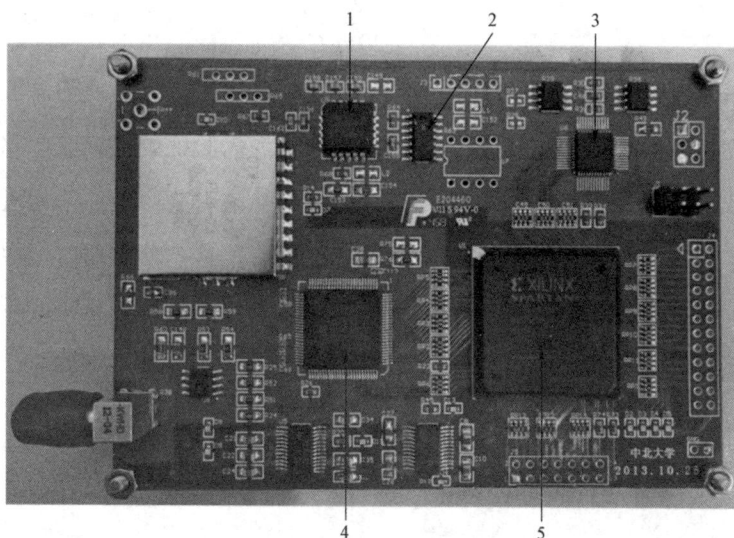

图 3-25　幅值谐振特征提取单元硬件实物

1—混频乘法器；2—滤波器；3—量化采集器；4—数字合成线性扫频源；
5—可编程逻辑控制单元。

低通滤波器是常用的检波解调电路组成单元，本书设计了 1 kHz 截止频率的低通滤波来对混频乘法器的输出信号进行解调，还原经过互感耦合后且携带 LC 敏感单元谐振特征的取样信号电压包络信息，本系统可以理解为一个线性时不变系统，利用滤波器的传递函数来计算和分析低通滤波的截止频率：

$$H(j\omega) = \frac{V_o}{V_i} = \frac{1}{1 - \omega^2 R^2 C^2 + j3\omega RC} \tag{3-29}$$

$$|H(j\omega)| = \frac{1}{\sqrt{(1 - \omega^2 R^2 C^2)^2 + 9\omega^2 R^2 C^2}} \tag{3-30}$$

当低通滤波器幅值下降到通频带截止点时，$|H(j\omega)| = \dfrac{1}{\sqrt{2}}$ 时，对应的 ω 为

截止角频如式（3-31）所示：

$$\omega = \frac{\sqrt{14}}{10RC} \tag{3-31}$$

则低通无源滤波器的截止频率如式（3-32）所示：

$$f_T = \frac{\sqrt{14}}{20\pi RC} \tag{3-32}$$

本书所设计的截止频率 $f_T = 1$ kHz 时，这样就可以计算出低通滤波电路设计时所需用到的 R 和 C 值分别为 10 kΩ 和 6 nF。为验证硬件读取电路的谐振特征提取功能以及系统的电磁耦合信号传输性能，对整个硬件单元进行了功能的初步验证实验，很好地完成了谐振特征提取，且在单周期内提取了测试数据绘制的波形图如图 3-26 所示，这样就可以利用本硬件单元完成后续的高温测试系统验证实验。

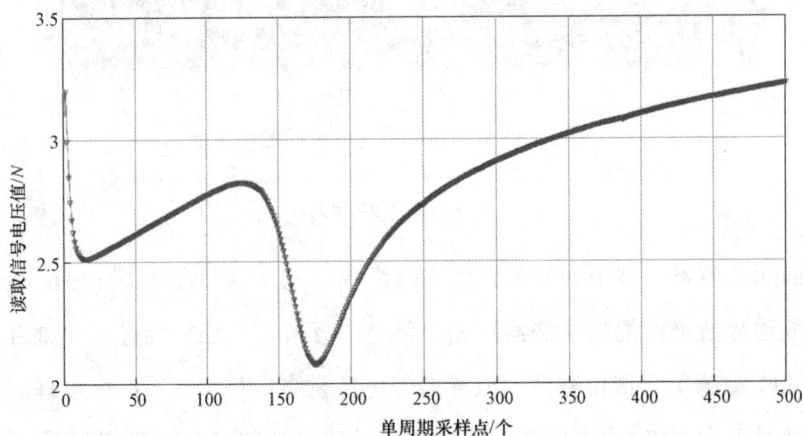

图 3-26　幅值谐振特征提取硬件单周期测试输出曲线

3.5.2　射频电磁耦合相位谐振特征提取方法的硬件实现

相位谐振特征提取方法的核心原理是实现源端信号和取样电阻上携带耦合谐振特征信号的相位差值提取，3.3 节介绍的相位谐振特征提取方法可以了解到在相位差值 – 频率响应曲线上存在一个特征突变点。那么硬件的关键功能就是将这个相位差值信息通过电压量表征出来，并在频率轴上将突变谐振特征进行提取。如图 3-27 所示为硬件的相位差值特征信息提取模块原理结构图，从图 3-27 中可以看出，与天线连接的前端与幅值谐振特征没有变化，且特征提取所用到的两个信号也相同，在此不再赘述。文中的硬件核心单元是鉴相器，选用的是 AD 公司生产的商用 AD8302 芯片来实现，该芯片是专用的相位差值检测的鉴相单片集成电路，线性扫频激励生成的信号源一端引入鉴相器 AD8302 的输入 A 端，而流经读取天线互感耦合线圈的取样电阻信号作为另一被比较信号引入鉴相芯片的 B 端，鉴相器 AD8302 就是将两路信号的相位差值通过直流电压的形式给出，这样就可以将相位差值输入到后端的数字信号处理单元进行特征提取。从电路结构上可以看出，后端的数字处理单元与上一节的幅值读取电路设计并没有区别，仍然是将相位差值特征直流信号送入量化器进行数据的量化采集、存储，同时输出到测试终端计算机进行特征的提取，在此不再赘述。该硬件电路结构在调试和测试的过程中，以及后端的特征提取过程，相对于前述的幅值特征都是相对简单的，且超高温环境下的特征提取也表现了优异的特性，所以本书在高温 – 压力复合测试平台的构建上更多地采用了该硬件模块作为读取单元完成高温环境下的检测。

作为相位差值检测硬件单元的核心模块，本书所选择的鉴相器单片集成电路是 AD 公司生产的 AD8302 相位差值鉴相芯片，该芯片有着高带宽的输入范围，从当低频到 2.7 GHz 都可以实现相位差值及幅度比的检测，相位差值的检测范围为 180°（ – 90°～ + 90°），完全可以满足本书所研究的电磁互感耦合 100 MHz， – 90°～ + 90°的要求，且相位差值谐振极值特征正好落在这个相位差值的区间内。相位差值的测量精度比例系数为 10 Mv/℃，内部电

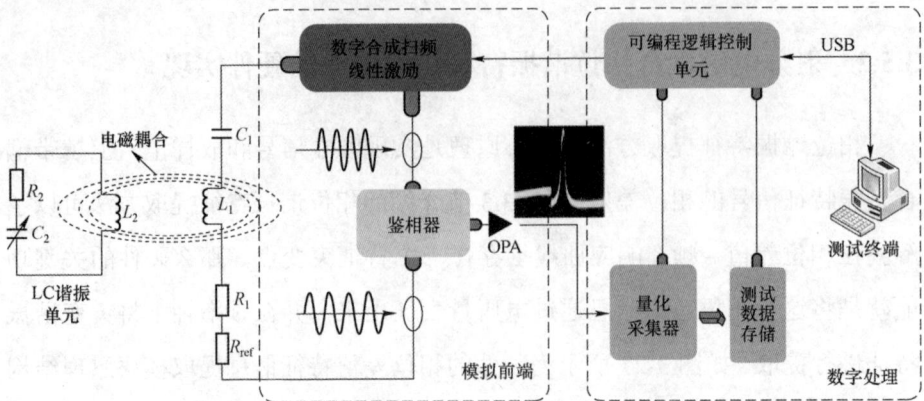

图 3-27　相位特征提取硬件模块的原理结构

路结构为两个宽带的对数检波器、相位检波器、输出放大单元，偏置放大单元、输出参考电压缓冲器。如图 3-28 所示为相位差值检测模块的模拟前端硬件实物图。

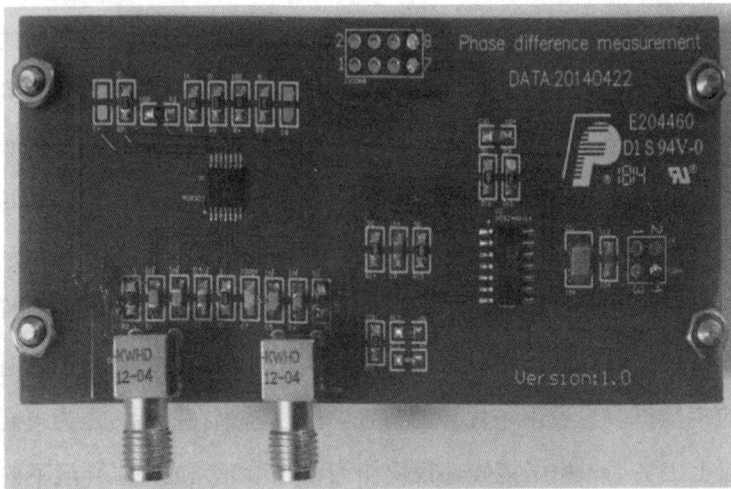

图 3-28　相位谐振特征提取单元硬件实物

　　通过上述的硬件单元设计，本书通过该硬件单元对互感耦合系统进行了相位差值检测模块的功能测试和验证，输出结果如图 3-29 所示，输出电压范围为 0.8 V（对应相位差值约为 80°），相位差值与鉴相器输出电压值的换算公式为：

$$V_{\mathrm{PHS}} = V_{\Phi} [\Phi(V_{\mathrm{inA}}) - \Phi(V_{\mathrm{inB}})] \tag{3-33}$$

式（3-33）给出了鉴相器输出的相位差值 – 电压的换算关系，本书所研究的电磁互感耦合系统更多地关注图 3-29 中的极值突变点处对应的谐振频率，谐振特征处相位差值的大小和曲线平缓程度在高温环境下会发生相应变化。

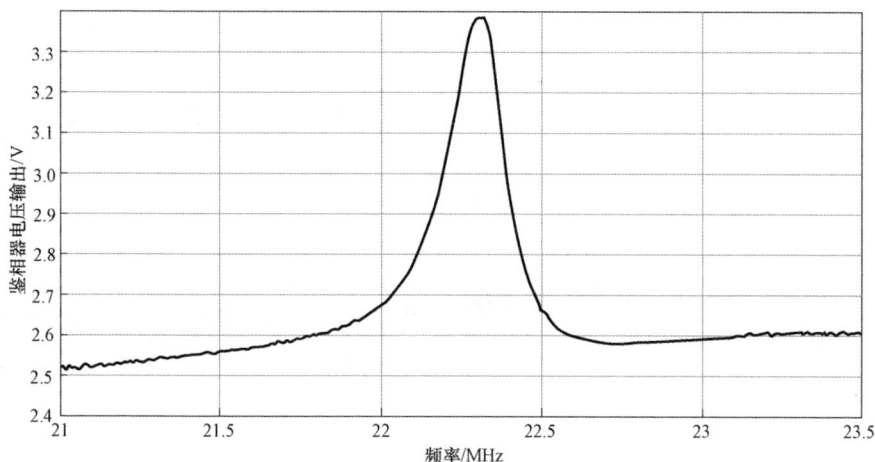

图 3-29　相位谐振特征提取硬件测试输出曲线

3.6　本章小结

本章是在射频谐振式电磁互感耦合信号传输理论分析的基础之上，研究了幅值和相位特征的提取方法，并通过硬件方法得以实现，在此基础上，组合完成了硬件读取单元集成测试模块的研究。作为高温环境下压力传感测试系统的其中一个关键单元，谐振式电磁耦合信号特征提取方法坚持的基本思路是将高频电磁耦合后的信号幅值或者相位谐振特征转换为易于处理的低频信号。本章研究的幅值谐振特征解调方法是利用模拟调制解调的原理，将信号混频相乘后再通过滤波检波解调出幅值特征波形，最终通过硬件电路实现了该方法并测试实验验证了硬件单元的功能完整和可靠。而相位特征提取方法是利用鉴相器原理，将信号的相位差值通过鉴相器的输出电压表征，最终实现硬件电路的集成，完成了实验测试验证的功能和完整可靠。本章通过对硬件特征提取模块的测试研究，分析了影响特征提取方法的关键影响因素，并对这些影响因素提出了解决办法。最后，对读取单元中的数字合成扫频源的设计进行了描述。

第4章 无线无源高温压力传感器

4.1 概 述

高温压力传感器是民用工业如汽车、航空领域等，以及国防军工领域中需求最广泛的器件，同时也是微电子机械系统（MEMS）的主要产品之一。相比传统的压力传感器，无线无源陶瓷高温压力传感器在恶劣环境下有着巨大的优势，其对恶劣环境下压力参数的测量有着重要的意义。本章从无线无源高温压力传感器的常见结构、压力感应原理、无线信号读取的基本原理等方面，介绍了传感器的关键设计原则，对传感器制造工艺中的关键技术进行了分析和研究。基于实验室测试验证平台分别对传感器特性进行验证测试，传感器在室温及温压复合环境围内进行测试，测试结果表明传感器谐振频率有较明显的温度漂移，对测试结果进行了分析并得到了谐振频率在高温下漂移的原因。

4.2 压力参量无线测量原理

4.2.1 无源压力传感器工作原理

本章所研究的无线无源陶瓷压力传感器实际可等效为一个LC共振回路，由电感线圈和电容串联而成，其等效电路如图 4-1 所示，图中 L 为电感线圈，

R 为电感线圈的等效电阻，C 为感应外界压力的可变电容，C_{par} 为电感线圈间的寄生电容，该传感器的谐振频率可由式（4-1）表示。

$$f = \frac{1}{2\pi\sqrt{L(C_{par} + C)}} \tag{4-1}$$

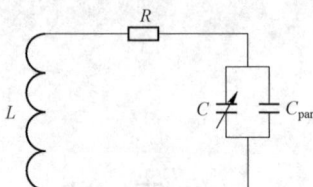

图 4-1　传感器等效电路

常温下，当外界压力施加于敏感膜时，会导致电容极板间距减小，电容随之增大，由于电感和寄生电容不会发生变化，传感器的谐振频率会随压力的增大而减小。但是在高温下，电感和寄生电容并不再是固定值，关于这方面的研究在后面的章节会有分析。

本书研究传感器电容受压变形时所用到的理论是薄板变形理论，而要将薄板变形理论使用于该传感器敏感膜的变形，这就对传感器电容空腔大小也有一定的要求，在后面小节介绍传感器关键设计原则时会进行详细分析。而薄板变形理论又可分为小挠度变形理论和大挠度变形理论，小挠度变形理论适用于以下这种情况，当薄板受到压力时，薄板的最大变形（也就是图 4-2 中的 d_{01} 或 d_{02}）不大于薄板厚度的 20%。由于本书研究的传感器是小量程的，最大的测试压力不会超过两个大气压，敏感膜最大变形小于膜厚的 20%，所以薄板变形的小挠度理论适用于本书的压力传感器。

传感器敏感膜受力模型如图 4-2 所示，其中上下敏感膜的挠度分别为 d_{01}、d_{02}，上下敏感膜的厚度分别为 t_{m1}、t_{m2}，电容的空腔厚度为 t_g。从图 4-2 中可以看出，传感器上下两层敏感膜都发生了明显的变形，该传感器敏感膜的厚度上下各是一层生瓷片，这种传感器灵敏度较大，但是制造难度也较大，成品率不高。如果传感器属于基底较厚的类型，基底较厚的那侧在受力时基本不发生变形，变形量可以忽略不计。许多文献已经对电容的受压作了详尽的分析，此处不作详细推导。

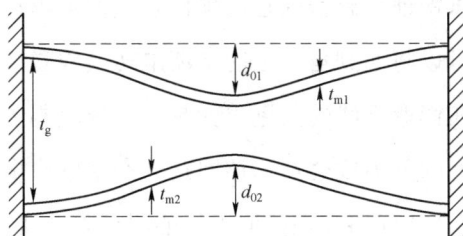

图 4-2　传感器敏感膜受力模型

4.2.2　无源压力传感器无线信号传输原理

传感器的无线信号传输基于电磁谐振耦合能量传输技术，两个具有相同共振频率的线圈发生强耦合，从而实现能量在发射线圈和接收线圈间的无线传输。为了方便研究传感器自身的串联 LC 共振回路，把传感器中的极板电容 C 和寄生电容 C_{par} 等效成 C_{eq}，如图 4-3 所示。很容易得到该电路的输入阻抗：

$$Z(jw) = R + j\left(wL - \frac{1}{wC_{eq}}\right) \qquad （4-2）$$

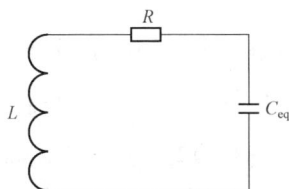

图 4-3　串联 LC 电路

该表达式中，阻抗的虚部表示的是电抗，即感抗或者容抗，当产生共振时，阻抗的电抗为零，即虚部为零，此时阻抗 $Z(jw) = R$。根据虚部为零，即

$$wL = \frac{1}{wC_{eq}} \qquad （4-3）$$

就可得出传感器 LC 共振回路的自身谐振频率表达式（4-3）。

由于传感器自身的 LC 共振回路是无源的，因此，在传感器的附近还需一个线圈提供能量以保证传感器的正常工作，我们将提供能量的线圈称为读取天线，读取天线可以将通到自身上的交流电转换成磁能并以磁场的形式向外发射出去，如果在读取天线的附近也就是在近场范围内，存在一个闭合的回路，读取天线发射的磁力线会穿过该回路并产生感应电动势及感应电流。因此，将传感器这个 LC 回路放在读取天线的附近就能接收到其发射的能量，从而使这个无源的传感器 LC 回路可以正常工作，通过这种方法可以测到传感器的信号，传感器与读取天线耦合的等效电路图如图4-4所示。

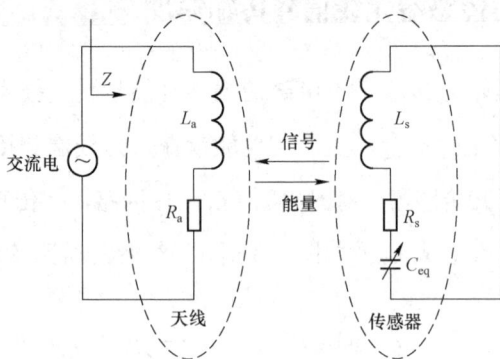

图 4-4　传感器与读取天线耦合的等效电路

由电磁谐振耦合能量传输技术可知，能量进行无线传输的条件是读取天线的谐振频率与传感器的谐振频率相同，所以需要研究传感器谐振频率点处读取天线端的阻抗。从读取天线端看，对输入阻抗进行计算，可得到：

$$Z = R_a + jw_a L_a + \frac{w_s^2 M^2}{R_s + j\left(w_s L_s - \dfrac{1}{wC_{eq}}\right)} \tag{4-4}$$

式中，R_a 是天线线圈的电阻，w_s 是传感器线圈的角频率，w_a 是读取天线线圈的角频率，L_a 是读取天线的电感值，L_s 是传感器线圈的电感，R_s 是传感器线圈的电阻，C_{eq} 为传感器的等效电容，M 是天线与传感器间的互感系数，根据耦合系数 k 的定义，M 可以表示为：

$$M = k\sqrt{L_a L_s} \tag{4-5}$$

将式（4-5）、传感器谐振频率 f_0 的表达式（4-6），以及传感器谐振回路的品质因数 Q 的表达式（4-7）带入到式（4-4），得到式（4-8）：

$$f_0 = \frac{1}{2\pi\sqrt{L_s C_{eq}}} \tag{4-6}$$

$$Q = \frac{1}{R_s}\sqrt{\frac{L_s}{C_{eq}}} \tag{4-7}$$

$$Z = R_a + j2\pi f L_a \left(1 + \frac{k^2 \left(\dfrac{f}{f_0}\right)^2}{1 + j\dfrac{1}{Q}\dfrac{f}{f_0} - \left(\dfrac{f}{f_0}\right)^2} \right) \tag{4-8}$$

当读取天线端的扫频频率 f 等于传感器的谐振频率 f_0 时，读取天线端输入阻抗的特征参数会发生明显的变化，如输入阻抗的实部会出现最大值，测试读取天线端输入阻抗实部的安捷伦 E5061B 网络分析仪界面图如图 4-5（a）所示；输入阻抗的相位角会发生明显变化，测试读取天线端相位角的安捷伦 E5061B 网络分析仪界面图如图 4-5（b）所示，此时输入阻抗中的电抗部分消失，输入阻抗呈纯电阻特性。因此，可以通过阻抗分析仪或网络分析仪等仪器测试读取天线端输入阻抗的实部值或者相位角可以得到传感器的谐振频率，从而获知敏感电容的大小，最终得到外界压力的大小。

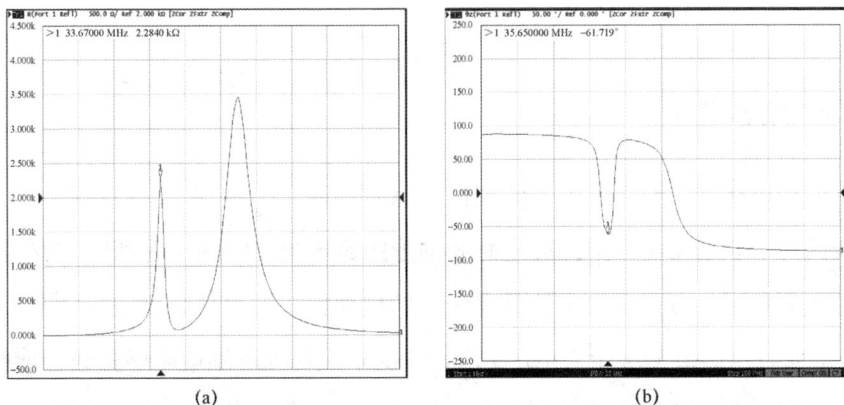

图 4-5 网络分析仪界面

（a）阻抗实部在谐振频率点处出现最大值；（b）相位角在谐振频率点处发生明显变化

实际测试时，通过上述方法测试到的谐振频率并不是传感器自身谐振频率的实际值，存在一定的偏差。通过式（4-9）可以看出，实际测到的频率不仅与传感器自身谐振频率有关，还与传感器线圈与读取天线线圈之间的耦合系数、传感器回路的品质因数有关。要减小测试频率与传感器实际谐振频率的偏差，就要减小传感器线圈与读取天线线圈间的耦合系数，或者增大传感器自身回路的品质因数。在传感器线圈与读取天线线圈的几何参数确定的情况下，耦合距离决定了它们之间的耦合系数，随着耦合距离的增大，耦合系数将会随之变小，所以增大它们之间的耦合距离有利于减小测试误差，在后面的章节会对传感器线圈与读取天线线圈之间的耦合距离进行研究。由于耦合距离的不同测到的频率也不同，所以在标定及研究传感器特性的时候要保持同一耦合距离，否则会造成一定的误差。增大传感器的品质因数也有利于减小测试误差，根据式（4-7）可知，品质因数与电感、电容及电阻有关，这三个参数对品质因数的影响的程度各有不同，而且这三个参数还会相互影响，在后面的章节会对传感器的品质因数进行分析研究。

$$f_{实测} = f_0 \left(1 + \frac{k^2}{4} + \frac{1}{8Q^2} \right) \tag{4-9}$$

4.3　压力传感器关键参数设计准则

4.3.1　电感设计

设计电感时主要考虑的是线圈的形状及线圈几何参数。一般情况下，电感线圈的形状主要是方形螺旋电感和圆形螺旋电感，如图 4-6 所示。在相同的占有面积下，方形螺旋电感具有更大的电感值。如果传感器的尺寸有一定限制，而且电感值又不能太小，在这种情况下采用方形螺旋电感是最佳选择。但是方形螺旋电感线圈的品质因数较低，影响了传感器与读取天线的耦合效果，从而缩短了他们之间的耦合距离。所以，在选择螺旋电感的形状时，要根据实际的需求以及应用情况综合考虑。

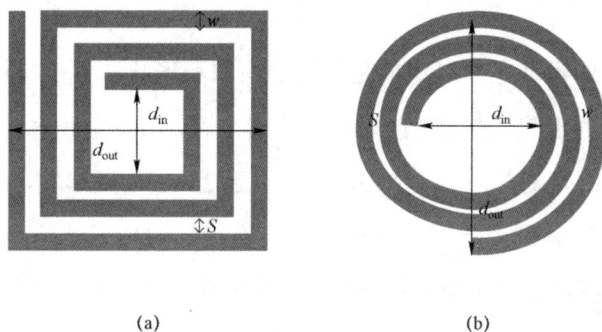

(a)　　　　　　　　　　　　(b)

图 4-6　螺旋电感

（a）方形螺旋电感；（b）圆形螺旋电感

　　电感的层数既可以设计成单层也能设计成双层。对于双层电感，由于上下电感线圈之间存在互感耦合的作用，所以双层电感的电感值是单层电感的 1.85 倍，其总电感为：

$$L_{eq} = L_s(1 + k_m) \qquad (4\text{-}10)$$

　　式中，L_s 为单层线圈的电感，k_m 为两线圈的耦合系数，可以认为是 0.85。虽然双层电感具有较大的电感值，但是两层线圈之间有非常大的重合面积，从而带来巨大的寄生电容，由于总长度的增长，必然也带来了大的电阻，严重降低了传感器的品质因数，减弱了读取天线与传感器的耦合效果。所以，除非对电感值有特别的需求，一般不建议使用双层电感的设计。关于电感线圈几何参数的设计，主要考虑的是线圈的品质因数，总之电感线圈的设计原则要尽可能地提高线圈的品质因数。其大致的设计原则包括增大线宽、圈数不要过多等，关于电感线圈的几何参数对耦合距离的影响在后面的章节会有详细的研究。

4.3.2　电容设计

　　电容是传感器设计的核心部分，电容的设计直接决定了灵敏度、线性度等特性。电容的设计也较为复杂，包括极板的设计，空腔的设计等。本节从以下两个方面进行分析：① 极板的设计；② 空腔的设计。

103

1. 极板的设计

电容极板的设计主要考虑的是极板的面积和形状。关于极板的形状，一般取决于空腔的形状，方形空腔对应于方形电容，圆形空腔对应于圆形电容。由于加工条件的限制，并不能加工出直径大于 2 mm 的圆形腔，所以本书的设计都是圆形空腔和圆形电容。极板面积会直接影响传感器回路的电容大小，关于电容对传感器品质因数及耦合距离的影响在后面的章节会有详尽的研究。

根据多次加工传感器的经验，电容极板的面积最好大于电容空腔的面积。在烧结时，生瓷片和印刷在生瓷片上的金属电容都会发生收缩，虽然生瓷片和使用的金属浆料是匹配的，但毕竟是两种材料，匹配度不可能达到 100%。这样，在金属电容的四边处就会产生应力，如果电容极板的面积小于空腔的面积，产生应力的四边属于空腔的里面，情况严重时会造成传感器空腔不是密闭腔体。即使加工出来的传感器腔体是密闭的，但由于存在应力，如果在测试时承受压力过大或者随着测试次数的增加，应力就会不断累积，从而造成空腔破裂。这就缩短了传感器的使用寿命，降低了传感器的稳定性。因此，建议电容的极板面积大于空腔的面积。

2. 空腔的设计

空腔的形状一般会设计成方形或圆形，圆形空腔是比较好的选择。由于圆形腔的边缘都是圆滑的，在层压时，产生的应力较小，空腔不容易塌陷。而方形空腔存在四个直角，层压时在这四个角会产生较大的应力，塌陷的可能性就增大了。由于加工条件的限制，只能设计成方形电容腔。在有条件的情况下，建议设计成圆形空腔。

电容空腔的面积大小要考虑薄板理论的适用条件。由于本书分析传感器电容变化的特性时用的是薄板理论，所以电容空腔面积的大小不仅要考虑测试量程的要求，还要保证其适用于薄板理论。薄板是指板的面积与厚度满足式（4-11）的板：

$$\frac{a}{80} < d < \frac{a}{5} \tag{4-11}$$

式中，a 为面板的最小边长，d 为板的厚度。以敏感膜厚度为一层 DuPont951 LTCC 生瓷片为例，取 d 为生瓷片收缩后的厚度 0.1 mm，根据式（4-11）则面板边长的范围为 0.5～8 mm。因此，设计的空腔的边长不能大于 8 mm，否则传感器的实际特性与理论分析的特性将会有误差。

4.3.3　敏感膜承受的最大应力

敏感膜的变形程度直接决定着传感器的灵敏度，由图 4-6 可以看出，外界压力施加到敏感膜上时，其变形呈抛物线形状并且在中心处的变形最大，我们以正方形电容腔为例，其中心处的挠度为：

$$d_0 = 0.001\,26 \frac{Pa^4}{D} \tag{4-12}$$

式中，P 为压力，a 为正方形电容腔的边长，D 为敏感膜的屈服强度。通过式（4-12）可以看出，在相同压力下，空腔面积越大敏感膜变形越大，灵敏度也就越大。但是空腔也不能设计得过大，面积过大的空腔会降低敏感膜承受的最大压力，也就减小了传感器的量程。所以在设计空腔时，要考虑传感器的量程，不能只考虑传感器的灵敏度。下面介绍两种确定敏感膜承受最大应力的方法：理论计算和软件仿真。

可以通过理论计算来得出某个面积的敏感膜所对应的最大压力。生瓷片发生塑性变形或者破裂前，生瓷片所允许的最大应力系数是：

$$\varepsilon_{\max} = \frac{32 d_0^2}{27 a^2} \tag{4-13}$$

式中，d_0 为敏感膜中心处的挠度，a 为正方形电容腔的边长，最大应力系数是材料的固有参数，根据杜邦公司官方给出的参数，LTCC 951 生瓷片的最大应力系数是 0.002 1。将式（4-13）代入到式（4-12），可以得出敏感膜承受最大压力的表达式：

$$P = \frac{729D}{a^3}\sqrt{\varepsilon_{\max}} \qquad (4\text{-}14)$$

当确定了传感器参数时，可以通过式（4-14）计算该敏感膜所承受的最大压力，来检测是否满足量程的要求。另外，通过式（4-13）还能计算出敏感膜中心处的最大变形量。

还能通过 ANSYS 仿真来确定敏感膜所承受的最大压力。对 DuPont951 LTCC 生瓷片的材料参数如图 4-7 所示，其仿真属于简单的平面静力仿真，具体仿真过程就不详细说明了。该敏感膜的几何参数是，面积为 6.2 mm× 6.2 mm，厚度为 100 μm，施加于敏感膜的均匀载荷为 1 个大气压，仿真结果如图 4-8 所示。

Typical Tape Properties	
Physical	50±3 (951C2)
Unfired Thickness (μm)	114±8 (951PT/951AT)
	165±11 (951PT/951A2)
	254±13 (951PX/951AX)
X, Y Shnnkage (%)	12.7±0.3
Z Shrinkage (%)	15±0.5
TCF (25 t0 300℃), ppm/℃	5.8
Density (g/cm*)	3.1
Gamber, inch/inch	Conforme to setter
Surtaca Roughness, μm	<0.34
Thermal Conductivity, W/m·K	3.3
Flexural Strength*, MPa	320
Young's Modulus, GPa	120
Electrical	
Dialectride constant @ 3 GHz	7.8
Loss Tangent @ 3 GHz	0.006
Insuiation resistance at 100VDC, Ω	>10^{12}
Breakdown voltage, V/μm	>1000/25

图 4-7　DuPont951 LTCC 生瓷片参数

通过图 4-8 中可以看出，最大应力出现在敏感膜四边的红色区域，达到了 104 MPa，通过图 4-7 可以知道，DuPont951 LTCC 生瓷片材料的抗弯强度为 320 MPa，敏感膜四边的最大应力明显小于该材料的抗弯强度，所以此尺寸的敏感膜在 1 个大气压下不会出现塑性形变或破裂的情况，通过比较红色区域的最大应力值与材料的抗弯强度可以确定该敏感膜是否会出现塑性形变或破裂。

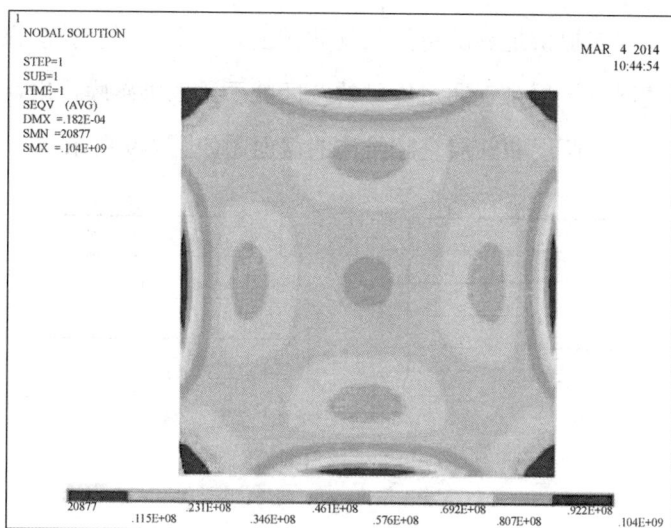

图 4-8 1 个大气压下敏感膜的 ANSYS 仿真

4.3.4 排气通道设计

排气通道的设计也是非常关键的，排气通道设计不合理，会严重影响空腔中碳膜的排放。首先应考虑的是排气孔的大小，排气孔不能设计得过大，否则不利于密封，一般设计成直径为 1 mm 的圆孔。用玻璃微珠对排气孔密封时，圆孔是最佳选择，玻璃微珠变软后能均匀地覆盖住圆孔的周围，如果用玻璃微珠对方孔进行密封，方孔的四个角不容易被覆盖。

由于排气孔较小，限制了碳膜排出的速度，所以排气通道需要提供足够的空间给空腔内的碳膜，保证碳膜充分反应后进入排气通道从而排到外界，如果排气通道提供的空间非常有限，碳膜反应后生成的二氧化碳会留在空腔内，如果气体过多会导致敏感膜的鼓起。排气通道的宽度一般设计为 1 mm 左右，而排气通道的层数则与空腔中填充的碳膜厚度有关。由于我们使用的 ESL49000 碳膜的厚度与 DuPont951 生瓷片的厚度几乎一致，一般情况下空腔的层数与填充碳膜的层数是一致的。一层空腔对应的就是一层排气通道。对于两层空腔，填充的碳膜是两层，之前试过填充一层碳膜，但是层压过后，敏感膜都有一定程度的塌陷，成品率非常低。经过实验，填充两层碳膜时，一层排气通道也能提供足够的空间供气体排出。对于三层空腔填充的是三层碳膜，这种情况下一层排气通道提供的空间就不足以供碳膜排出，需要设计成两层排气通道。两层和三层空腔结构的截面图如图 4-9 所示。

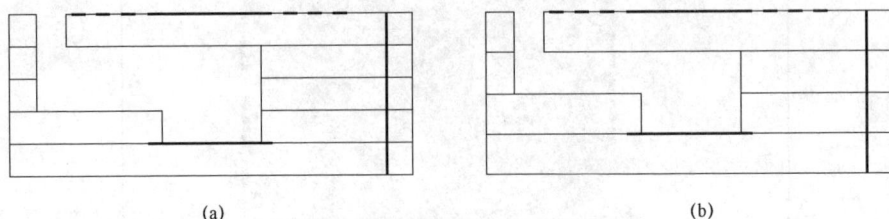

(a)　　　　　　　　　　　　　　　(b)

图 4-9　传感器截面图

（a）三层空腔结构；（b）两层空腔结构

4.3.5　敏感膜厚度

敏感膜的厚度决定着敏感膜变形的难易程度，可以用屈服强度来表示：

$$D = \frac{E t_{\mathrm{m}}^3}{12(1-\nu^2)} \tag{4-15}$$

式中，E 为材料的为杨氏模量，ν 为材料的泊松比，t_{m} 为敏感膜的厚度。通过式（4-15）可以看出，敏感膜的屈服强度与敏感膜厚度的三次方成正比，屈服强度很大程度上取决于敏感膜的厚度。如图 4-10 所示的结构，由于敏感膜上下各一层所以灵敏度比较大。如果采用图 4-10 所示的结构，电容空腔不能过大，否则层压过后空腔塌陷的可能性较大，经过我们多次加工发现，图 4-10 所示的结构其电容空腔为 7 mm×7 mm 时，能保证一定的成品率。如果采用基底较厚的结构，如图 4-10 所示，经过多次实验发现，电容空腔的尺寸可以满足薄板理论条件的上限，达到 8 mm×8 mm。由于基底较厚，此尺寸的结构层压过后电容空腔比较平整。经过计算，在保证其他参数相同，仅敏感膜厚度不同的情况下，电容空腔为 7 mm×7 mm 上下各一层敏感膜的结构与电容空腔为 8 mm×8 mm 基底较厚的结构相比，两者的灵敏度相差很小，但后者加工的成品率明显高于前者。

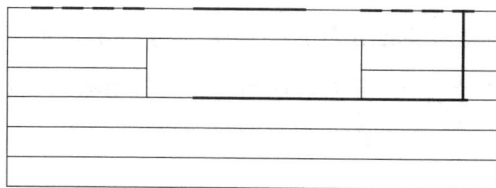

图 4-10　基底较厚的传感器

4.3.6　传感器谐振频率与天线中心频率

当选定读取天线对传感器进行测试时，除了要考虑线圈的几何参数外，还要把握的一个原则是，读取天线的中心频率与传感器的谐振频率不能太接近。从图 4-11 中可以看出，与传感器耦合后的读取天线相位曲线发生了右移了，也就是天线中心频率发生了变化。如果传感器的谐振频率与读取天线的中心频率过于接近，那么测试到的传感器谐振频率会随着天线中心频率的改变而出现偏差，所以传感器的谐振频率与天线中心频率不能相差太小，最好在图 4-11 中虚线方框的区域外。

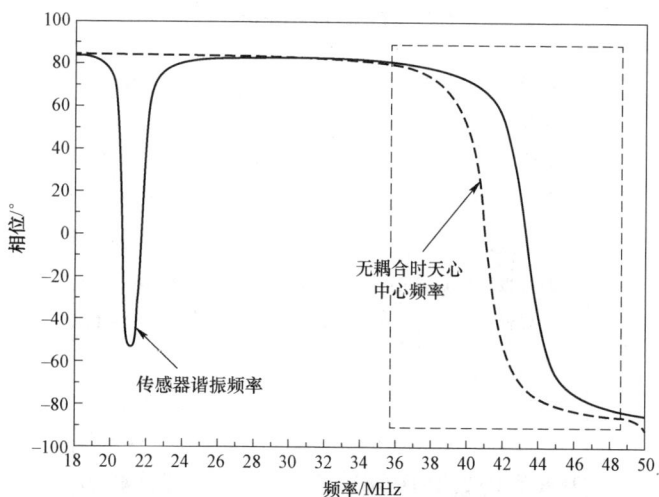

图 4-11　传感器与天线耦合的相位变化

4.3.7　传感器材料的选择

生产生瓷片的厂家基本上都来自国外，主要有 DuPont、ESL、FERRO、

NEC 等。常用的生瓷片主要是杜邦公司生产的 DuPont951 生瓷片和 FERRO 公司生产的 A6M-E 生瓷片。下面对这两种材料的参数对传感器特性的影响进行分析。

图 4-12 为 FERRO A6M-E 生瓷片的参数，相比 DuPont951 生瓷片，A6M-E 生瓷片的杨氏模量比较低，仅为 92 GPa，相同压力下敏感膜易弯曲，变形量较大，灵敏度大。但是 A6M-E 生瓷片的抗弯强度也较低，只有 170 MPa，这就降低了传感器敏感膜承受的最大压力，也就限制了传感器的使用量程。A6M-E 生瓷片的正切损耗角比 DuPont951 生瓷片的低，表现为传感器的品质因数会较高。而 A6M-E 生瓷片的热导率也比 DuPont951 生瓷片的低，这表现为高温下具有较好的耦合效果。经过上面的分析，DuPont951 生瓷片的稳定性更好，量程较 FERRO A6M-E 更大；FERRO A6M-E 生瓷片较柔软，灵敏度较大，传感器的品质因数较大，高温下具有较好的耦合效果，但量程较小。在选择传感器材料时，要根据传感器要达到的指标选择相应的材料。

TYPICAL FIRED PROPERTIES	
热膨胀系数：	7 ppm/℃
胶带收缩：	
X,Y	15.4±0.3%
Z (待烧制的绿板)	24±0.3%
烧结密度：	>2.45 g/cm³
弯曲强度 (3 pt 弯曲)：	170 MPa
杨氏模量：	92 GPa
剪切模量：	32 GPa
导热系数：	2 W/mK
介电常数 (1~100 GHz)**：	59±0.2
耗散因数 (1~100 GHz)**：	<0.2%
体电阻率：	>10¹² Ω/cm
击穿电压：	>5 000 V/layer
电解泄露电流：	<1 μA/c

图 4-12　FERRO A6M-E 生瓷片参数

4.4　LTCC 无源高温压力传感器制备方法 及关键制造工艺

4.4.1　LTCC 无源高温压力传感器制备方法

本节研究的高温压力传感器是基于 LTCC（低温共烧陶瓷）技术实现的。LTCC 技术是由休斯公司在 1982 年研发的，LTCC 技术具有许多优点，它是一种高集成度的封装技术，而且成本较低，可以实现极小尺寸产品的加工，可以形成三维的高密度电路，使产品小型化。另外，利用 LTCC 技术还能形成厚膜电阻，它同时具有了 HTCC 技术（高温共烧陶瓷）和厚膜技术的优点，而且应用领域十分广泛，是 MEMS 技术发展中非常重要的一项技术。

LTCC 的工艺流程如图 4-13 所示，一般情况下，我们购买已经成型的生瓷片直接进行加工，所以工艺流程一般不包括流延和切片，生产生瓷片的厂家基本上都来自国外，主要有 DuPont、ESL、FERRO、NEC 等。适用于 LTCC 高温压力传感器制备的工艺流程包括冲孔、通孔填充、丝网印刷、层压、热切、共烧。之前，本课题组已经对传感器的每个工艺流程进行了详细的研究，并成功突破了多项关键技术，成功研发了一种保证了电容空腔的完整性及平

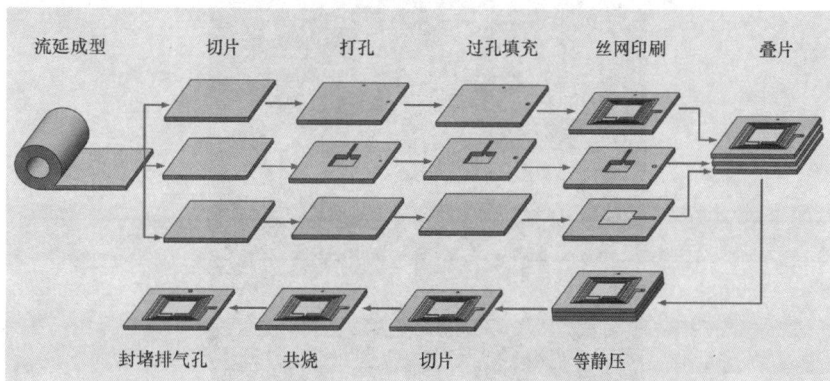

图 4-13　LTCC 工艺流程

111

整度的牺牲层技术；以及排气口的密封技术，通过对高温胶、玻璃微珠及玻璃浆料这三种密封材料进行实验对比，发现玻璃微珠在 800～850 ℃下烧结过后能够非常均匀地覆盖住排气口，并且不像其他两种材料会呈现疏松的小孔，气体不会通过玻璃微珠进入电容空腔，对排气口密封效果较好。这两项关键技术为加工出性能优良的传感器以及传感器特性的研究打下了坚实的基础。

根据后来加工传感器出现的一些问题进行了总结，在之前的基础上对一些工艺流程进行了改进，进一步提高了传感器制备的成品率，在一定程度上降低了研究成本。下面对传感器制备工艺中的碳膜填充、层压、烧结这三个工艺进行分析。

4.4.2 关键制备工艺——碳膜填充、层压、共烧

传感器的电容空腔直接决定着传感器的灵敏度、线性度、测量范围、测量精度等特性，如何保证电容空腔的完整性、平整度是制备该传感器工艺中的一项关键技术。由于在 LTCC 工艺流程中，必须要经过层压，而层压的压力一般达到了 21 MPa，也就是 210 个大气压，如此大的压力如果直接施加在叠层好的生瓷片上，必然导致空腔的塌陷，如图 4-14 所示，这片叠层好的生瓷片电容空腔里未填充任何材料，之后直接层压，可以看出空腔和排气通道有明显的塌陷，如果将其烧结，最终肯定无法测到压力的变化。经过本课题

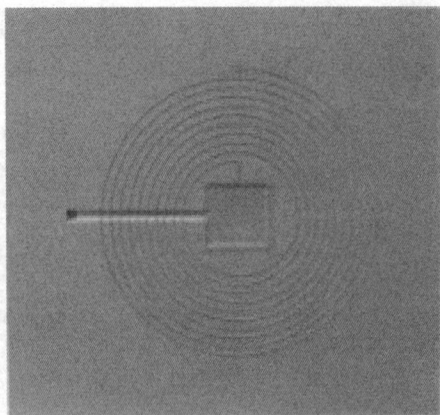

图 4-14　生瓷片层压后空腔及通道塌陷

组多次的实验，最终突破了这项关键技术，最终决定采用牺牲层技术来保证
电容空腔的平整度。该牺牲层技术是在生瓷片层压前，在电容空腔里面填充
一种在高温下易挥发的材料，来自 ESL 公司生产的 ESL49000 碳膜，该材料
的厚度与 DuPont951 LTCC 生瓷片的厚度非常接近，能在生瓷片层压时用以
支撑敏感膜，并在传感器烧结的最高温度前会变成气体排出，不会残留在空
腔内。经过测试，填充碳膜后的传感器电容空腔的塌陷在 8 μm 左右，已经是
非常平整了。

在后来几次传感器的加工中，在碳膜填充这个环节出现了一些问题。首
先是碳膜面积，碳膜的面积不能与空腔的面积完全一致，毕竟是将两种材料
拼接到一起，如果碳膜的面积与空腔的面积完全一样，那在填充碳膜时必然
不能完美地置于空腔内，肯定会对电容空腔的四边有所挤压，甚至还会造成
碳膜在一定程度上有所鼓起，如果碳膜鼓起，对敏感膜也会造成影响，使敏
感膜鼓起甚至破裂。但是，碳膜的面积与空腔的面积也不能相差过大，否则
在层压时电容空腔四周为填充的区域将会出现裂缝，如图 4-15（a）所示，该
碳膜的面积与电容空腔的各边都相差了 1.5 μm，后来经过多次试验发现，碳
膜的面积与电容空腔的各边相差 0.5 μm 为最佳尺寸，层压后空腔也未出现裂
缝，烧结后空腔也较为平整，如图 4-15（b）所示。合理地选择碳膜才能保证
空腔在层压后保留完好，保证成型后空腔的平整度。

层压是传感器工艺流程中的关键流程之一。最常用的层压方法是热压，
生瓷片在 70～90 ℃范围内用 5～20 MPa 的压力作用 3～10 分钟能很好地结
合在一起。LTCC 生瓷片黏合的过程如图 4-16 所示，图 4-16（a）中的生瓷片
由陶瓷颗粒、玻璃成分及有机成分组成，其中有机成分是主要的黏合剂。在
层压的过程中，生瓷片在一定温度和压力的条件下黏合在一起。因此，有机
成分变成了塑性的，从而生瓷片就能被粘合在一起了。另外，施加的压力使
得各层的陶瓷颗粒和玻璃成分聚集在一起。因此，层压的压力越大，生瓷片
之间的层压强度越大。在烧结的过程中，生瓷片中的有机成分挥发了，玻璃
成分熔化了，将陶瓷颗粒结合到一起。最终影响生瓷片间结合强度取决于以

下三个因素：① 熔化的树脂成分的连接（发生在层压过程中）；② 粗糙表面的机械连接（发生在层压过程中）；③ 玻璃成分的黏性流动（发生在烧结过程中）。LTCC 生瓷片最简单的类型是弹性－塑性材料，因此，效果好的层压只有在层压压力大于有机成分的屈服点的情况下才能发生。另外，随着温度

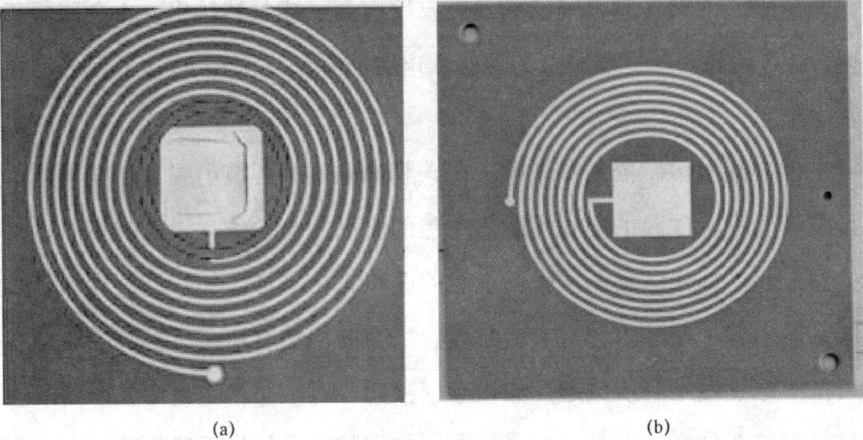

(a)　　　　　　　　(b)

图 4-15　空腔
（a）空腔四周出现裂缝；（b）空腔较为平整

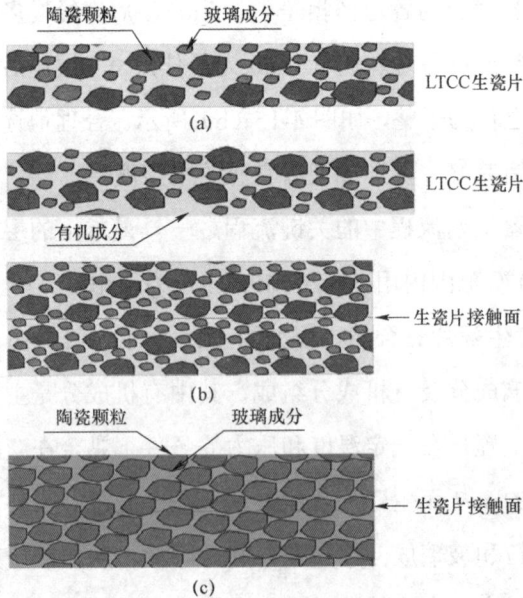

图 4-16　LTCC 生瓷片的黏合
（a）层压前；（b）层压后；（c）烧结后

114

的升高有机成分的屈服点会下降。因此，生瓷片在更高的温度下可以用较低的压力进行层压。一种更复杂的情况需要考虑有机成分、陶瓷颗粒及玻璃成分的影响，有机成分保证了生瓷片合适的机械特性。但是，如果有机成分过多的话，陶瓷颗粒将会相隔较远，这样就烧结出来的效果将不理想。热压不会影响薄的、无源的薄膜的特性并且可实现了 40 层以上结构的加工。

根据杜邦公司官方给出的 LTCC DuPont 951 生瓷片的说明书，生瓷片层压的条件是，在 3 000 psi、70 ℃下压 10 分钟。按照此条件进行了多次加工，发现传感器的成品率并不是很高，电容空腔比较容易塌陷。因此，我们打算减小层压压力，但是将压力减小到多少是非常关键的，因为层压压力直接影响着生瓷片的收缩率、黏合程度，如果压力过小将导致生瓷片的收缩率过大，也会使得生瓷片间的黏合效果下降，严重的甚至会造成基板的分层。根据之前的分析，要减小层压的压力，相应的就要增加层压时的温度，这样才能保证生瓷片间的黏合效果。经过多次的实验，将层压压力调整到 14 MPa，温度升高到 85 ℃，在这种条件进行层压，电容空腔也保留得较为完好，传感器的成品率有了大幅度的提升。图 4-17 为调整层压条件后传感器成品空腔的 SEM 图，可以看出空腔较为平整。

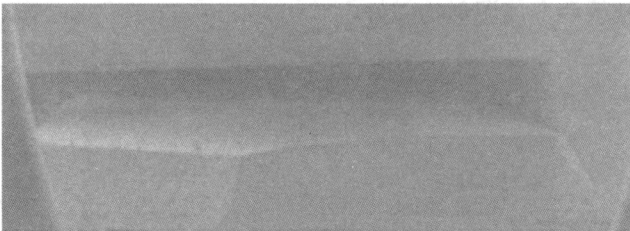

图 4-17　电容空腔的 SEM 分析图

共烧是传感器制备的最后一步，下面将对烧结曲线展开详细的分析。烧结的最终目的是将层压后的生瓷片变成一个致密的整体并完善固相反应。在烧结的过程中，有机成分将会排出，并且玻璃成分的融化对生瓷片里的所有成分的黏性流动起着至关重要的作用。因此，LTCC 生瓷片中玻璃成分材料的使用对生瓷片的结合和共烧是非常重要的。当温度高于软化温度时，玻璃成分将会融化并且会渗透到陶瓷颗粒间的空隙。玻璃的黏性流动取决于陶瓷粉末颗粒的大小、玻璃和陶瓷颗粒的成分、玻璃的软化点，以及玻璃的融化点。融化的玻璃湿润了陶瓷颗粒并最终实现了稳定的结构。所以，玻璃成分保证了 LTCC 有一个 900 ℃以下的较低的共烧温度。结构在共烧过程中会发生变形或扭曲，这些都与黏性流动有关。从而，一般情况下，共烧过后的结构都会比层压过后的结构有所塌陷，这种塌陷也会因为共烧中 LTCC 材料的收缩而加剧。玻璃成分在生瓷片之间的渗透也会使生瓷片结合到一起。在共烧的过程中，如果生瓷片粘合到一起，黏性流动不仅发生在单个生瓷片里也会发生在生瓷片与生瓷片之间。所以，层压过后生瓷片中的陶瓷颗粒将会永久地黏合在一起。对于一般的 LTCC 产品来说，烧结曲线中最关键的是排胶阶段，排胶的速度将直接决定基板的质量，要保证在 LTCC 生瓷片排胶温度（450 ℃）有足够的排胶时间，若排胶不足基板会起泡变形，但排胶时间也不能太长，否则会使基板结构遭到损坏，印刷的金属图形也有可能脱落，最初我们排胶的时间设定为 330 分钟，烧结过后的传感器上的金属电感出现了一定的脱落，如图 4-18 所示。后来将排胶时间调整为 2~2.5 小时，发现烧结出来的传感器基板和金属图形均完好。

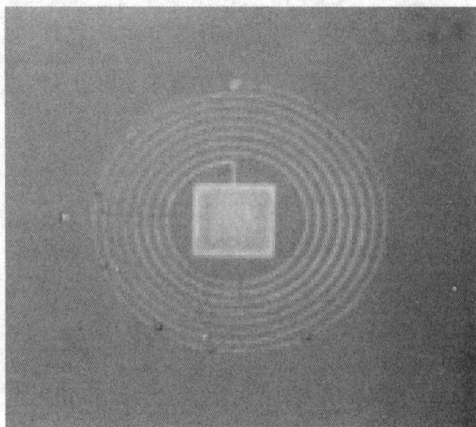

图 4-18　金属图形出现脱落

根据图 4-19 中的烧结曲线对传感器进行了多次加工，对于电容空腔高度为一层生瓷片厚度的传感器来说，烧结出来效果较为理想，空腔较为平整。但是如果将此烧结曲线适用于空腔高度为两层或者三层厚度的传感器，根据我们的加工结果，电容空腔会有不同程度的鼓起，电容空腔会有不同程度的鼓起，成品率并不是很高，如图 4-20 所示。

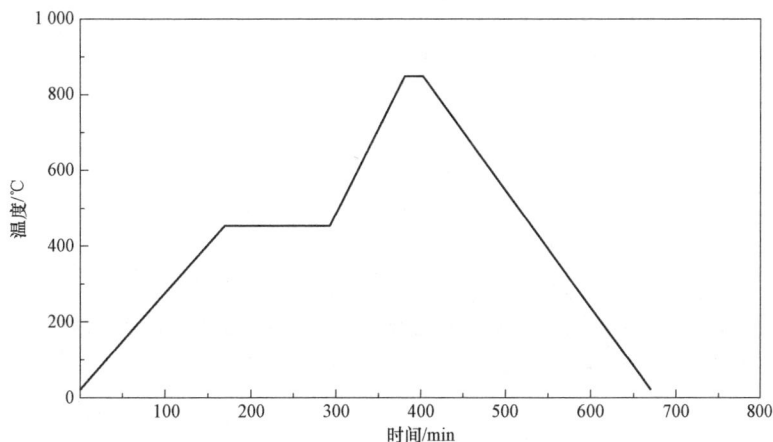

图 4-19　LTCC 典型烧结曲线

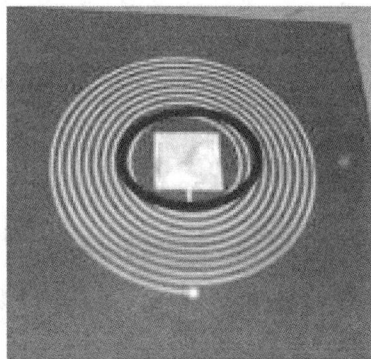

图 4-20　电容空腔鼓起

由于排气孔的设计不能过大，直径一般为 0.1 mm，否则密封难度非常大，这也就限制了碳膜排出的速度。由于生瓷片的软化点在 700 ℃，碳膜开始反应的温度是 600 ℃，在 700 ℃之前，两层或者三层的碳膜加上通道内的碳膜在短时间内无法完全排出，这样留在空腔内的气体会将软化的敏感膜顶起，最终导致了空腔的鼓起。而且，生瓷片在 700 ℃开始收缩，如果 600～700 ℃这段升温过快，未反应的碳膜也会因为生瓷片的收缩而被顶起从而导致空腔的鼓起。为此，调整了烧结曲线，放慢了 600～700 ℃这段的升温速率，让碳膜充分反应，调整后的烧结曲线如图 4-21 所示，经过调整烧结曲线后，明显改善了之前电容空腔鼓起的问题，对于电容空腔厚度大于一层生瓷片厚度的传感器成品率大为提高。

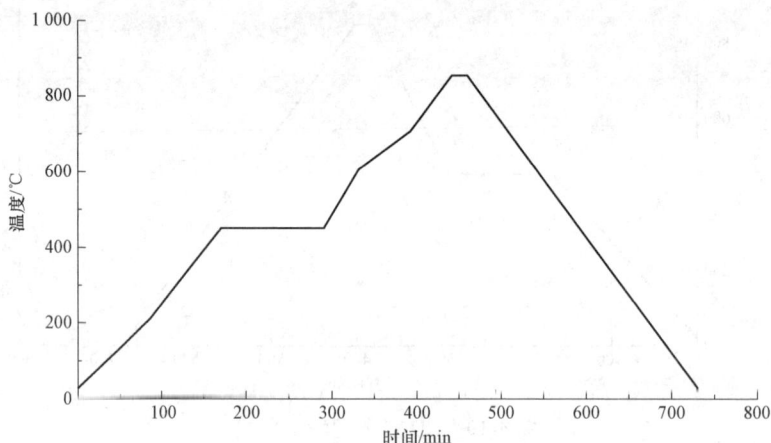

图 4-21　调整后 LTCC 烧结曲线

在前面的小节中提到了一种不带排气口的结构，与带排气口的传感器相比，碳膜排出的方式有所不同。首先了解共烧过程中 LTCC 生瓷片有机物的反应情况，这包括两个阶段。LTCC 生瓷片中有机成分的分解发生在 100～360 ℃这阶段内，开始阶段生瓷片中的有机溶剂开始挥发，同时一些增塑剂和小分子的有机物也将排出到外界。然后，挥发性产物开始不断产生并最后排出到外界，生瓷片中的小孔在经过有机物的分解后就形成了。无排气口结构传感器的排碳示意如图 4-22（a）所示，碳膜从 600 ℃开始反应并通过小孔排到空气中，由于在基板和金属电容在 600～700 ℃内不是致密的，二氧化碳既可以通过金属电容覆盖的区域排出，也能通过非金属电容覆盖的区域排出，由于金属电容将一部分基板中的小孔覆盖住了，气体主要还是通过非金属电容覆盖的区域排出。由于无排气口结构中的碳膜排出速率比较缓慢，烧结曲线中的排碳阶段要进一步延长，根据多次实验，发现将 600～700 ℃反应阶段的时间延长至 2.5 小时，制备出来的传感器空腔内无碳膜残余，调整后曲线如图 4-22（b）所示。

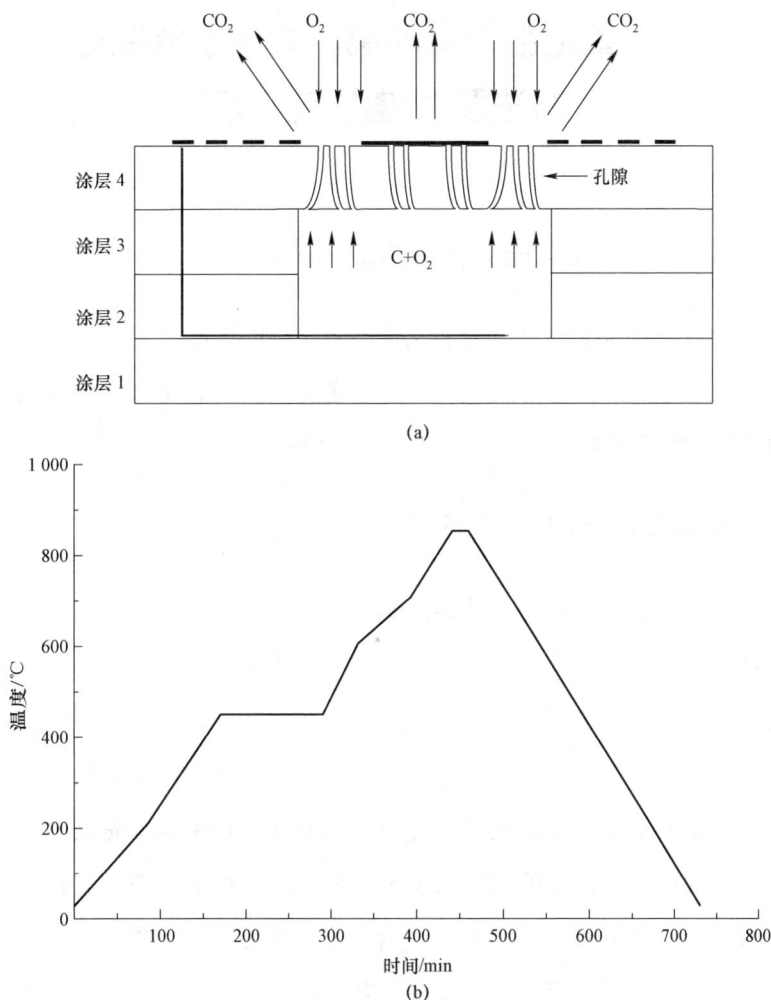

(a)

(b)

图 4-22　无排气口结构排碳过程及烧结曲线

（a）无排气口结构碳膜排出过程；（b）无排气口结构烧结曲线

对于基底较厚的传感器，一个有效防止电容空腔鼓起的方法是，在烧结时，将传感器基底较厚的一侧朝下与承烧板接触，另一侧敏感膜朝上。这样放置传感器，即使电容腔内的气体对敏感膜有作用，由于有承烧板作为支撑，敏感膜那侧也会非常平整，而气体对基底较厚那侧的作用非常微弱可以忽略不计。

4.5 氧化铝无源高温压力传感器制备方法及关键制造工艺

4.5.1 氧化铝无源高温压力传感器制备方法

氧化铝陶瓷密封空腔与电性能元件是氧化铝陶瓷耐高温压力传感器的两个重要组成部分，下面分别从氧化铝陶瓷密封空腔的制备与电性能元件集成两个方面详细展开论述。

1. 氧化铝陶瓷密封空腔制备

在对 LTCC 耐高温压力传感器的制备过程中，对 LTCC 微组装工艺技术进行了详细的阐述，这里引用 LTCC 工艺技术中的对生瓷片的打孔、叠片、热压及切割工艺技术实现氧化铝陶瓷密封空腔的制备。首先，将实验中所用到的氧化铝生瓷片按需切成 8 英寸方形生瓷基片，然后将切好的生瓷片放入打孔机中，完成生瓷片定位孔及电容空腔的冲孔；待生瓷片完成冲孔之后，将各层生瓷片按预先设计的顺序依次倒序放入叠片机中，叠片过程中将预先切割好的易逝碳膜填入电容空腔中，调节叠片机的工艺参数最终完成各层生瓷片的叠片；待各层生瓷片完成叠片工艺之后，将叠好的多层生瓷基板置于热压机中进行等静压处理，最后将紧密结合在一起的生瓷基板切割成单个生瓷胚体。

将切好的单个生瓷胚体平整地放在预先准备的刚玉基板（5 cm×5 cm×2 mm），然后在其上方盖上相同的刚玉基板，放入高温烧结炉中进行高温烧结固化。在室温~650 ℃之间，设定升温速率约为 1.4 ℃/min，主要用于生瓷片的排胶（若升温速率过快容易导致收缩不均匀，若升温速率过慢容易导致排胶过多而产生碎裂）；在 650～800 ℃之间，设定升温速率小于 3 ℃/min，以保证碳膜在挥发过程中有充足的时间与氧气接触；850～1 550 ℃为快速升温阶段，设定升温速率为 15～20 ℃/min，以使得生瓷胚体快速达到峰值温度；设定 1 550 ℃恒温 2 小时完成瓷片致密（若峰值温度过高或恒温时间过长会导致敏感膜的塌陷，若峰值温度过低或者恒温时间过短都会导致敏感膜的致密性差）。

2. 电感线圈及电容极板金属化

首先，用酒精对烧结成型的带密封空腔的氧化铝陶瓷基片表面进行清洁处理，待酒精完全挥发之后，将其水平置于如图 4-23 所示的手动丝网印刷台上固定。然后，将预先制备的网版置于陶瓷基片上方，并通过调节丝网印刷台上的螺旋按钮来实现基片与网版的精确对准。待对准之后，将 ESL9912A 电子浆料进行搅匀处理，并均匀涂于所要印刷的网版图形上。最后，通过刮

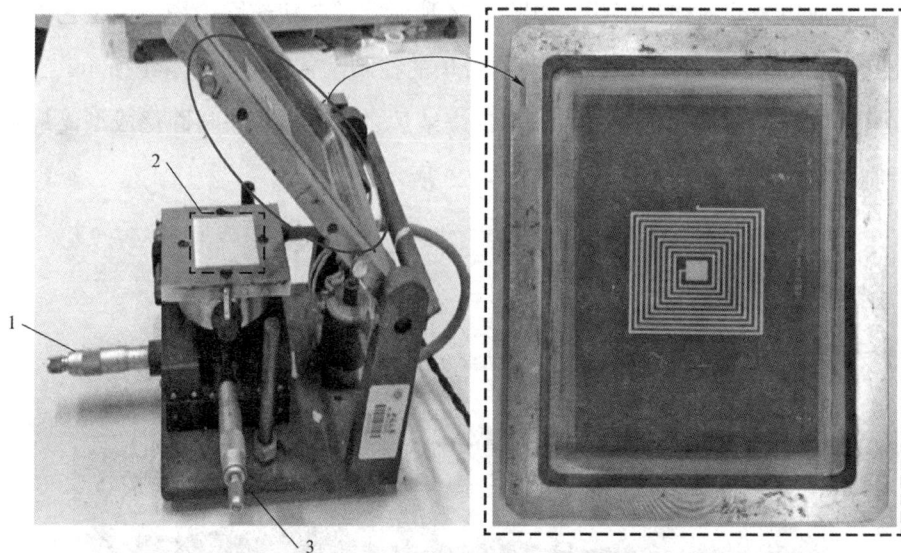

图 4-23　手动丝网印刷台及网版图形
1—Y 轴调节旋钮；2—陶瓷基片；3—X 轴调节旋轴。

刀对网版图形上的电子浆料施加压力以使得其均匀地漏过网版进而实现电子浆料图形的印刷。

待氧化铝陶瓷基片完成丝网印刷工艺之后，将印刷好的氧化铝陶瓷基片置于空气环境中流平 15 min，以保证所印刷的电子浆料的平整度；然后，将其置于网带烘干炉中进行烘干处理。设定烘干炉工艺参数，第一温区温度设定为 145 ℃，第二温区温度设定为 155 ℃，第三温区温度设定为 145 ℃，网带运行速度设定为 100 mm/min。待氧化铝陶瓷基片均匀通过网带炉，打开冷却使得基片温度快速降至室温。由于所制备的 LC 压力传感器为两面结构，因此，需要对氧化铝陶瓷基片进行两次单独的丝网印刷工艺来实现基板上下表面图形的制备。本书采用丝网印刷–烘干–丝网印刷–烧结，即两印一烧工艺来实现氧化铝陶瓷基片两侧图形的制备。待完成基片一面的图形印刷及烘干之后，按照上述丝网印刷工艺及烘干工艺实现另一面图形的制备。上下表面的电路最后通过侧壁印刷的线路串联来实现金属互联。

待陶瓷基片完成丝网印刷工艺及烘干处理之后，将其置于快速网带烧结炉上完成电子浆料烧结固化，如图 4-24 所示。调节快速网带烧结炉工艺参数使其以 100 mm/min 的速度转动，网带炉的控制工艺参数如表 4-1 所示。当印刷好的陶瓷基片均匀地通过快速网带烧结炉之后，电子浆料固化成型，最终所制备氧化铝高温压力传感器如图 4-25 所示。

图 4-24　快速网带炉高温烧结

表 4-1　银电子浆料烧结温度工艺参数

温区	第一温区	第二温区	第三温区	第四温区	第五温区	第六温区	第七温区
温度/℃	325	681	850	850	850	650	450
速度/（mm/min）	100						

图 4-25　氧化铝陶瓷耐高温压力传感器实物图

4.5.2　关键制备工艺——网印刷、空腔密封

1. 丝网印刷工艺参数对传感器电性能元件的影响

传感器电性能元件质量的好坏直接影响传感器的性能，电感线圈越薄，电阻值就越大，反之则越小。另外，钢丝网版的目数与网版的孔径成反比关系，网版的目数越小网板的孔径则越大，网版的目数越多网板的孔径越小。因此，网版的目数和浆料的颗粒大小必须相互匹配是一个很重要的方面。通过实验得知，当浆料的颗粒直径过大，而网版的目数也较大时，网版的间隙会小于浆料颗粒，会出现浆料无法透过丝网间隙的情况，如图 4-26 所示。较大的浆料颗粒可以印刷比较厚的线路图形，最终会降低电感线圈的电阻值，有利于传感器的性能提升。因此，实验后期我们改用了 ESL9912A 增厚型银浆取代了前期的普通银浆，取得了较好的效果，使得传感器的电阻值有了较大的减小，Q 值提升明显。当然网版目数也不能无限制的小，过小的目数会导致印刷线路的边缘锯齿化，影响整体均匀性，降低印刷质量，不利于工艺流程的精细化控制。

图 4-26　丝网印刷过程中浆料无法透过丝网示意图
（a）银浆涂覆于网版上；（b）刮去银浆后的成品

2. 烧结温度时间对银电子浆料金属化层的电阻率及方阻值的影响

图 4-27 为经过不同的保温时间，测得的电子浆料金属化层的电阻率随时间的变化情况，从图 4-27 中可以看出当保温时间小于 30 min，随着保温时间的增加，其电阻率逐渐减小；当温度达到 30 min，金属化层电阻率达到最小，当保温时间大于 30 min，随着保温时间的延长，金属层的电阻率开始逐渐增加。这主要是因为，当保温时间低于 30 min，电子浆料中的银单质没有分散均匀而且电子浆料中的玻璃成分没有完全浸入到厚膜基板上，因此，随着时间的延长银单质逐渐分散均匀导致电阻率逐渐减小；当保温时间大于 30 min，

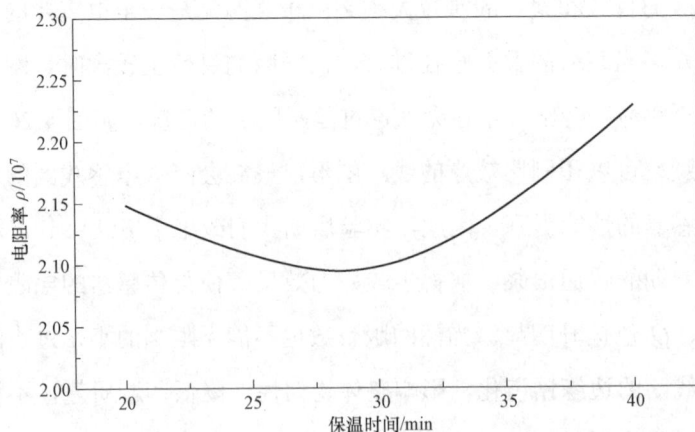

图 4-27　电阻率随保温时间的变化图

电子浆料中的玻璃成分已经浸入完全，随着时间的延长银单质在较高的温度环境中会出现飞银及氧化现象，所以金属层的电阻率会逐渐地增加。

图 4-28 为电子浆料的金属化层随着保温时间的延长，其方阻值的变化情况。从图 4-28 中可以看出，当保温时间小于 20 min，随着保温时间的减小，其方阻值也逐渐增加；当温度达到 20 min 的时候其方阻值达到最小，当保温时间大于 20 min，随着保温时间的延长，金属层的方阻值开始逐渐增加。

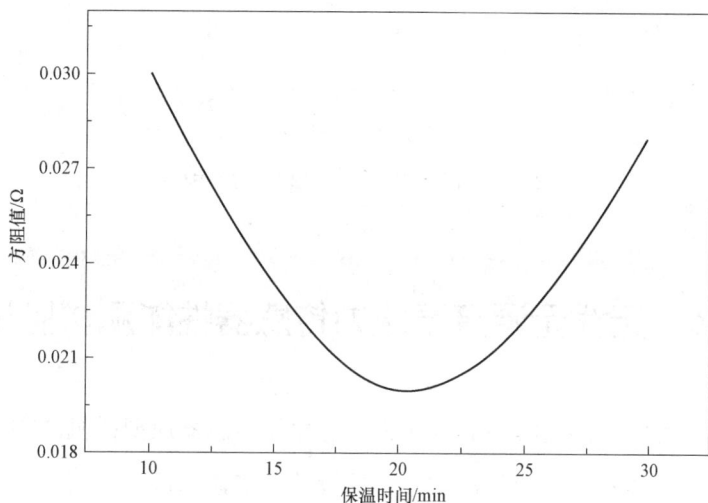

图 4-28　金属化层方阻值随保温时间的变化图

3. 烧结保温时间对银电子浆料金属化层附着力的影响

为了获得保温时间对银电子浆料金属层附着力的影响，我们通过使用黏结强度较高的胶水分别与金属层和陶瓷基板相连接来测量金属层的附着力。图 4-29 为在 850 ℃高温环境下金属化层的附着力强度随保温时间的变化图，从图中可以看出当保温时间小于 20 min，金属化层的附着强度随着保温时间逐渐增加；当保温时间达到 20 min，金属化层的附着强度达到最高；当保温时间大于 20 min，金属层附着强度随着保温时间的延长开始逐渐减弱。

综合分析金属化层的方阻值、电阻率及其在陶瓷基板上附着力，将电子浆料的恒温时间设定为 25 min，以使得所制备的电性能元件具有较低的电阻，以及较好的附着力。

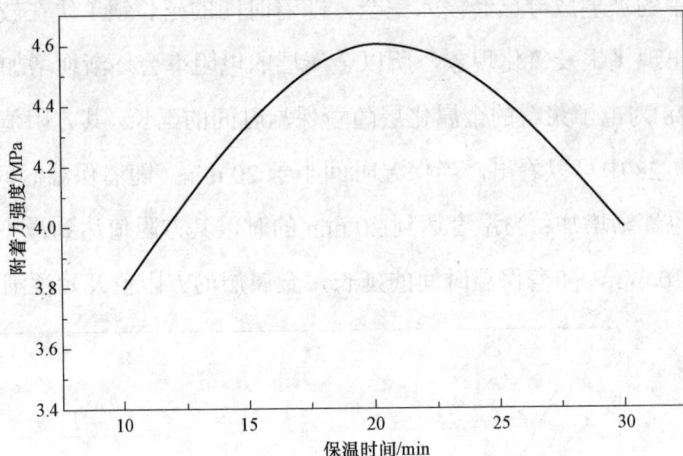

图 4-29   附着力强度随保温时间的变化图

4.6   无线无源高温压力传感器性能测试验证

为了对所制备的无源耐高温压力传感器及传感器原型样机的响应性能进行测试表征，本章节主要从测试平台的设计、搭建、压力传感器的性能测试表征，高温性能影响因素等方面展开论述。设计并搭建的测试系统平台主要包括两类：第一类为常温环境下压力测试系统平台，主要用来表征室温环境下压力传感器的响应性能；第二类为温–压复合测试系统平台，主要用来表征温–压复合环境下耐高温压力传感器的响应性能，对所制备的耐高温压力传感器测试分析之后，我们对元件的性能影响因素作了进一步的分析研究。

4.6.1   响应性能测试系统平台的设计与搭建

1. 常温变压测试平台的设计与搭建

为了实现压力传感器在室温环境下压力响应性能的测试表征，设计并搭建了一套高精度常温变压测试控制平台。测试系统平台包括氮气源，压力控制器，压力罐及阻抗分析仪 E4991A 四部分，其示意图如图 4-30 所示，所搭建的压力测试系统平台实物图如图 4-31（a）所示。其中，阻抗分析仪的最小测试精度可以达到 0.001 Hz，频率的测试范围完全可以满足传感器的测试

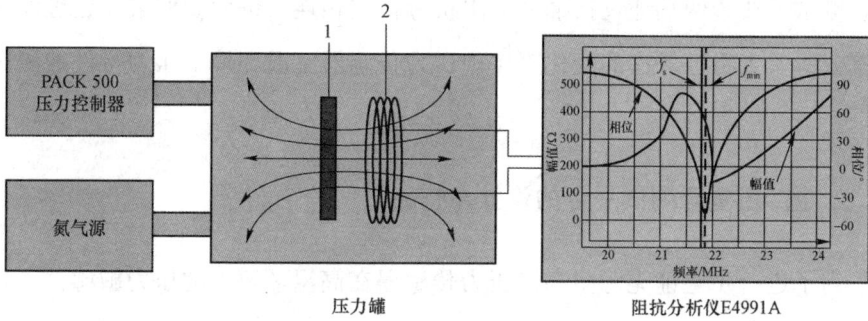

图 4-30　压力测试系统平台示意图
1—待测元件；2—读取天线。

（a）

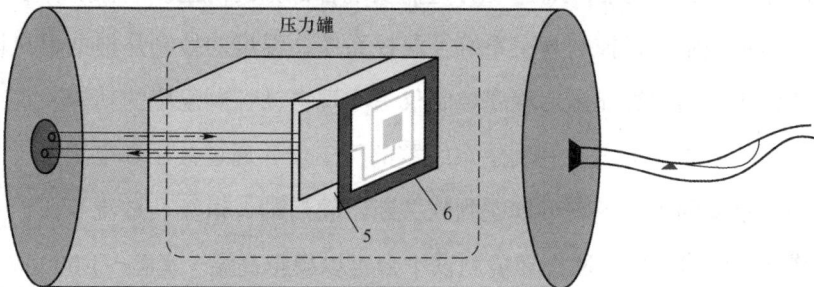

（b）

图 4-31　压力测试系统
（a）平台实物图；（b）压力平台

1—N_2 罐；2—压力控制器；3—压力罐；4—阻抗分析仪 E4991A；5—天线；6—传感器。

127

要求，压力控制器可实现压力罐中的压力精确控制，最小精度可以达到 0.001 bar，控制压力稳定的时间小于 2 s。测试时，将传感器与天线隔开一定的距离，集成在一个固定的装置上，并将其置于压力罐中，如图 4-31（b）所示。测试天线的两端通过接插件与阻抗分析仪相连，进而我们可以通过读取阻抗分析仪上特征频率的变化来实现压力传感器室温环境下压力特性的测试表征。

2. 温–压复合测试平台的设计与搭建

为了进一步验证无源耐高温压力传感器在高温环境下的压力敏感性能，需要对其在高温、压力联合环境下进行压力测试表征。设计并搭建了高温–压力联合环境的测试平台。测试系统平台主要由真空系统、压力控制系统、温度控制系统、水冷系统、电器控制系统及阻抗分析仪（网络分析仪）组成，其结构示意图如图 4-32 所示。其中，压力控制系统主要包括进气阀、安全阀、氮气罐及压力表四个组成部分；真空系统主要包括真空泵、真空管道、真空测量仪及电磁阀四个组成部分；温度控制系统主要包括钼加热器、热电偶及温度控制器三个部分（原位高温测试采用钨铼热电偶来实现）；水冷系统主要包括水泵、水冷管道及循环水箱三个组成部分（测试平台加温加压过程中，冷却水由总管进入，经过各支管送到炉盖、炉壳、炉底、扩散泵、机械泵等高温部分，然后汇总到冷水箱排出，进而实现各部分的降温以确保炉体安全）；电器控制系统则可以控制真空系统及温控系统，温度的控制是根据用户设定的工艺曲线并通过数显温度程序控制仪去实现自动控制温度的功能，真空系统的控制是以 PLC 方式控制真空系统零部件工作并通过数显真空测量仪去实现控制真空度的功能，它可以起到软关断、软启动、恒流及过流等保护。最终所搭建的温度–压力联合环境测试平台可以模拟高温（室温～1 000 ℃）及高压（0～2 bar）的恶劣环境。由于所形成的高温高压环境是一个"气包热"的高温–压力复合环境，即局部的高温高压环境。因此，需要合理设计隔热层结构及绕制方形平面螺旋式读取天线才可以通过外部的网络分析仪（或阻

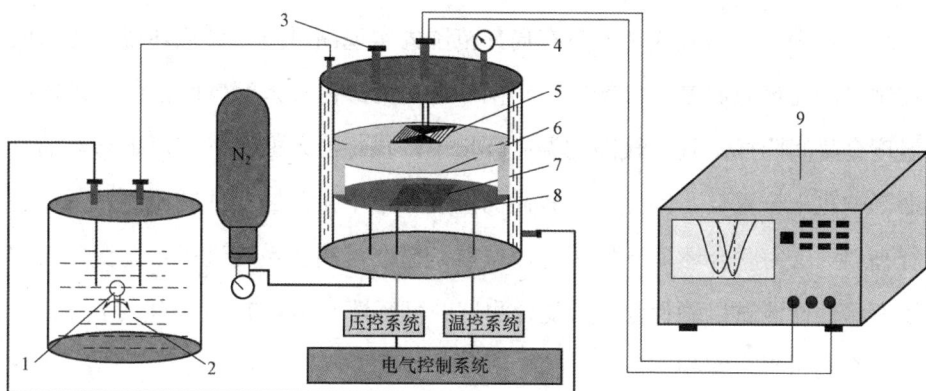

图 4-32　温度–压力复合测试系统平台示意图

1—水磊；2—循环水箱；3—放气阀；4—压力表；5—测试天线；6—隔热材料；

7—传感器；8—加热盘；9—阻抗分析仪。

抗分析仪）实现高温–高压复合环境下原位压力信号的无线测试。复合测试平台的测试腔体直径为 300 mm，完全能够满足耐高温压力传感器尺寸安装要求，主控中心通过电气控制系统（温控系统和压控系统）来调节当前压力罐内的参数与测试终端的输入设置一致。高温压力罐内层、外壳及法兰为优质 304 不锈钢做成的圆筒，两层之间形成夹套可以通水冷却，炉体中间开有抽气孔、热电偶测温孔等。高温压力罐上部是炉盖，由内外封头和法兰焊成，中间可通水冷却，炉盖上装有压力传感器、安全报警器和器件通信系统。测试过程中由于加热系统采用钼加热器，为防止加热器的氧化，则在测试之前必须通过真空系统抽出压力罐内部的空气，达到指定的真空度后方可进行加热操作；在 200 ℃、400 ℃、600 ℃及 800 ℃不同梯度温度环境下分别进行压力测试时，为避免加压时氮气自身的温度降低压力罐内部的温度，向罐内充气至温度稳定后再通过安全放气阀逐渐放出部分气体，即以减压的方式实现在同一温度值下不同压力值的测量，直到压力减小到 0 bar 为止（压力过小将可能导致空气进入压力罐而加速钼加热器的氧化）；压力表的最小刻度值为 20 kPa，并结合高温–压力联合环境下压力的理论灵敏度，在进行减压测试时选择压力测试范围 0～2 bar，减压步进值 20 kPa，以提高测试效率和避免在高温、高压联合环境下压力传感器的损坏（需说明：由于温–压复合测试系统平台为气包热方式，即只有局部范围内实现高温压力模拟环境，压力的控制只能通过充放氮气来实现。当向高温压力罐内冲入氮气时，气压炉内的温度会瞬间降低，且在较高的温度环境中，执行冲入氮气操作对加热丝的寿命影响也十分重要。因此，在较高的温度环境中只能够实现减压测试。在进行高温－压力联合环境下的压力测试前，需要对测试系统进行常温变压及常压变温性能测试以确保温－压复合测试的可行性）。图 4-33 为搭建的温度－压力复合测试平台实物图。

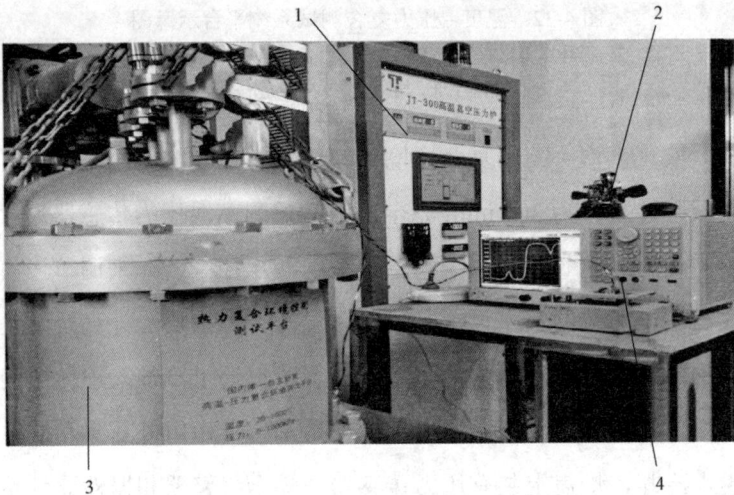

图 4-33　温度－压力复合测试系统平台实物图
1—温压控制器；2—氮气罐；3—高温压力罐；4—阻抗分析仪。

4.6.2　LTCC 无线无源高温压力传感器性能测试及表征

为了对所制备 LTCC 耐高温压力传感器进行室温环境下压力性能的测试表征，将其置于所搭建的室温环境下的压力平台进行测试，图 4-34 为所测得的压力特性曲线。

从图 4-34 中可以看出压力传感器在不受压力情况下其谐振频率约为 29.5 MHz，相比于理论计算值较低，这是因为电容空腔存在微小的塌陷。随着压力的缓慢增加压力传感器的谐振频率逐渐减小，当压力增加到 2 bar 时压力传感器的谐振频率约为 28.9 MHz，在 0～2 bar 范围内压力传感器的谐振频率随压力的逐渐增加近似呈线性地减小。

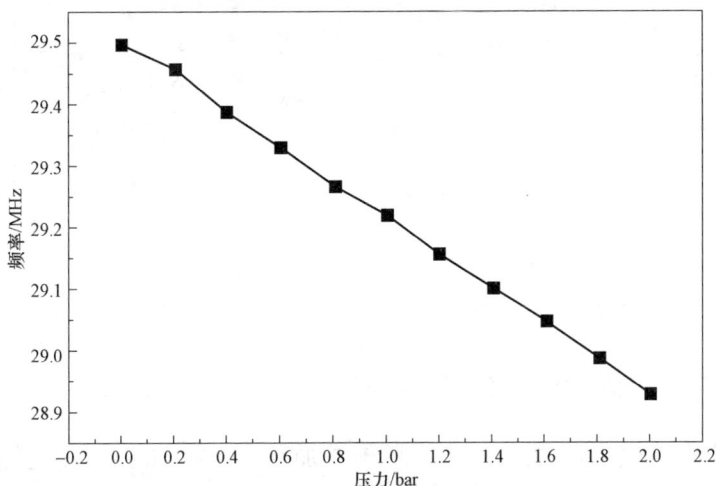

图 4-34　特征频率变压特性曲线

　　为了对所制备的 LTCC 无源耐高温压力传感器进行高温－压力联合环境下的性能测试表征，将其置于所搭建的温度－压力联合测试系统平台上进行测试。调节温－压控制器的控制参数，使得温－压复合控制平台的温度从室温逐渐增加到 400 ℃，压力从 2 bar 逐渐减小到 0 bar，通过阻抗分析仪获得不同温度、压力下的天线端阻抗相位曲线，实现无源 LC 压力传感器的信号提取。改变温度－压力联合测试系统平台的控制参数，依次实现 100 ℃、200 ℃、300 ℃及 400 ℃的恒温时间段内的 0～2 bar 压力范围内的减压测试，不同梯度温度环境下压力传感器变压特性曲线如图 4-35 所示。

　　从图 4-35 中可以看出，LTCC 无源耐高温压力传感器可以实现室温～400 ℃高温环境中压力的原位测试。当温度环境为室温环境时，随着压力的逐渐减小，压力传感器的谐振频率由 28.63 MHz，逐渐增加到 29.2 MHz，其灵敏度约为 0.28 MHz/bar；当温度环境为 100 ℃时，随着压力的逐渐减小，压力传感器的谐振频率由 28.22 MHz 逐渐增加到 28.8 MHz，其灵敏度为 0.29 MHz/bar；当温度环境为 200 ℃环境时，随着压力的逐渐减小，压力传

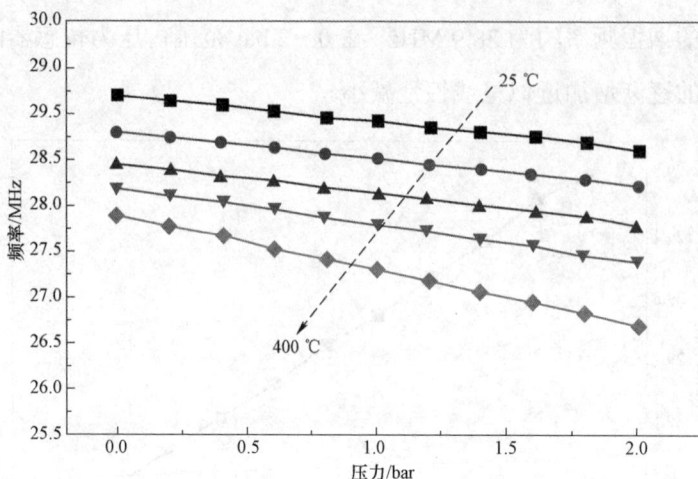

图 4-35　梯度温度环境下压力传感器变压特性曲线

感器的谐振频率由 27.8 MHz，逐渐增加到 28.45 MHz，其灵敏度约为 0.32 MHz/bar；当温度环境为 300 ℃环境时，随着压力的逐渐减小，压力传感器的谐振频率由 27.4 MHz，逐渐增加到 28.2 MHz，其灵敏度约为 0.4 MHz/bar；当温度环境为 400 ℃环境时，随着压力的逐渐减小，压力传感器的谐振频率由 26.7 MHz 逐渐增加到 27.9 MHz，其灵敏度约为 0.6 MHz/bar；由以上数据可以得出，随着温度的逐渐升高，压力传感器的灵敏度逐渐增大。这主要是由于不同梯度温度环境中，受相同压力后敏感膜的形变量不同所导致的。进一步分析为，在不同梯度温度环境中，敏感膜材料的杨氏模量、泊松比、抗弯曲强度等力学参数发生变化。此种现象将不利于获得精确测试结果，因此，应当选用高温环境中性能参数较为稳定的材料来实现压力传感器的制备或通过外部读取电路补偿来获取高温环境中较为精确的压力数据。

综上，在静态的高温压力环境中，压力及温度的变化都会造成压力传感器谐振频率的漂移，而在实际应用中，为了实现高温环境中压力的标定，应当尽量减小温漂。而引起温漂的原因可能是由于压力传感器的基底材料、电性能元件等在高温环境中发生变化。因此，分析和研究耐高温压力传感器在高温环境中的影响因素十分重要，这对后期耐高温压力传感器典型耐高温材料的选型、结构设计和补偿设计至关重要。

4.6.3　LTCC 耐高温压力传感器的性能影响因素分析

通过对所制备的 LTCC 无源耐高温压力传感器进行不同环境下的性能测试分析,可以看出压力传感器在室温环境下具有压力测量的能力,在 0～2 bar 压力范围内能够较好地完成压力测试并具有较好的重复性,其灵敏度可以达到 0.282 MHz/bar。但是在高温环境下压力传感器的谐振频率产生了较大的温度漂移且一些性能参数随温度不同而发生一定程度的改变,进而对压力传感器的压力响应性能产生影响。对 LTCC 耐高温压力传感器来说,在高温环境中哪些参数被影响,以及这些参数是如何影响压力传感器的性能的,了解高温环境对这些参数的影响可以为后续耐高温压力传感器的研究奠定基础。例如:温度不仅会影响电容的寿命,而且也会影响电容的损耗角正切值,损耗角正切值越小表示电容的电损耗比例就越小,高温环境中损耗正切值的增大将会增大电容的损耗。温度升高使材料热膨胀、收缩,并且由于电容空腔内无支撑物,在高温环境中材料会蠕变而产生塑性形变,这也会影响电容的参数等。高温环境是一个很复杂的环境,电磁场、热应力、塑性形变等对可变电容的影响远不如此,各项参数都会发生或多或少的变化,忽略受温度影响小的一些因素,对受温度影响较大的因素进行分测试、分析,为后续传感器的性能优化、结构补偿等提供理论依据。

1. 温度对平面螺旋电感的影响

为了对所制备的 LTCC 无源耐高温压力传感器的电感元件在高温环境下的变化规律进行分析研究,需要制备一种与所制备的无源耐高温压力传感器相同的 LTCC 平面螺旋电感。采用与其相同的工艺技术及实验材料实现 LTCC 电感元件的制备,并通过银丝实现电感元件与外界之间的电引线连接。为了准确地分析温度对 LTCC 压力传感器的性能影响因素,这里制备的 LTCC 电感元件与所制备的 LTCC 无源耐高温压力传感器具有相同的电感结构参数(电感为方形平面螺旋电感线圈,线圈的内径为 1.5 cm,线圈的外径为 5 cm,

线宽和间距为 800 μm，线圈的匝数为 10，丝网印刷的厚度为 20 μm，陶瓷基电感采用三层结构），所制备的 LTCC 电感结构示意图如图 4-36 所示，实物图如图 4-37 所示。

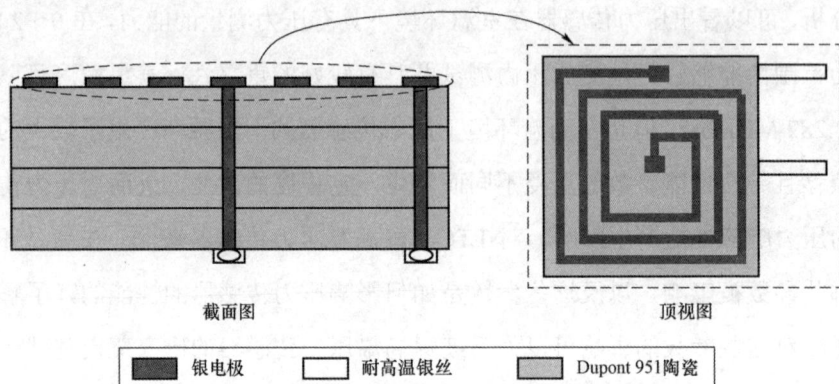

截面图　　　　　　　　　　　顶视图

■ 银电极　　□ 耐高温银丝　　▨ Dupont 951陶瓷

图 4-36　LTCC 平面螺旋电感结构示意图

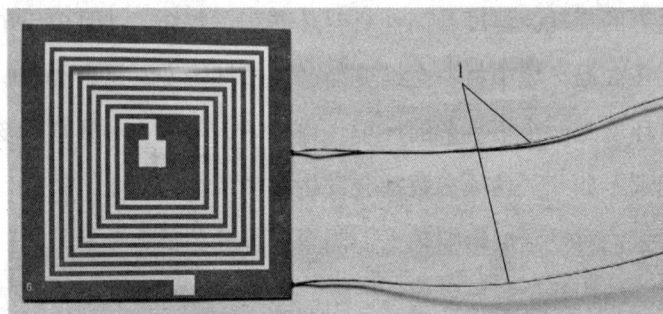

图 4-37　LTCC 电感结构实物图
1—耐高温银丝。

温度对金属的电导率产生影响，导致平面螺旋电感的导电性变弱，对于依赖互感耦合原理读取传感器的谐振频率来说是不利的。电感线圈的导电性变弱，互感耦合信号的强度就减弱，从读取天线端获取的电磁能量就越小，这可能会导致传感器不能正常工作，同时，也会导致从读取天线端无法获取传感器端的谐振信息。不仅是传感器的电感线圈导电性会受温度影响，在受温度影响的环境下，物体的热胀冷缩会导致其形变，所以电感线圈的各几何参数改变（线宽 w、线间距 s、内直径 d_{in} 和外直径 d_{out} 尺寸会发生变化，使线圈的体积改变），进而影响电感线圈的电阻值与电感值。

　　为了准确地测试温度对平面螺旋电感电阻的影响，我们将所制备的 LTCC 电感元件置于高温烧结炉中，电感元件的电引线与烧结炉外面的高精度数字万用表连接。调节高温烧结炉的温度控制参数，使得 LTCC 电感元件缓慢升温，进而完成电感线圈电阻的变温测量，所测得的电感元件直流电阻的变温特性曲线如图 4-38 所示。

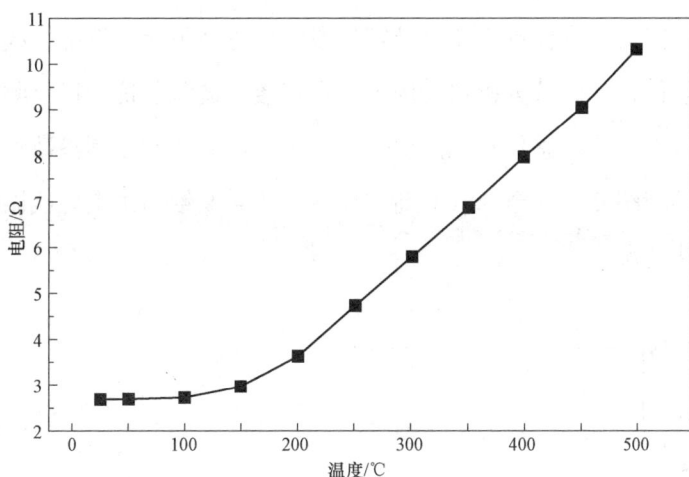

图 4-38　LTCC 电阻 R 的变温特性曲线

　　从图 4-38 中可以看出，随着温度的逐渐升高，电感元件的直流电阻从 2.87 Ω逐渐增加至 10.36 Ω。这主要是由于高温环境中电感线圈金属随温度升高其电阻率逐渐增加所引起，电阻的增加将增加电感线圈的欧姆损耗进而引起 LC 元件的能量损耗，导致磁场能减小。压力传感器的导电性随着温度升高而变弱，通过电感线圈耦合外部磁场的能力就会减小，这会导致耦合的电磁能量无法转变为电场能使 LC 压力传感器正常工作。

　　以上是电感线圈的直流效应，但实际应用中，电感元件往往工作于交流的环境中，而室温环境下，随着频率的增大，平面螺旋电感线圈会产生寄生电阻和寄生电容，电感线圈总的电阻值基本保持不变，但随着频率的逐渐增加，电感线圈的电感值会逐渐发生变化，尤其在高频段内寄生电容的作用也会越来越明显。在实际情况中，必须要考虑平面螺旋电感在不同频率下的寄生效应，其测试值是随着测试频率而变化，不同频率下的计算值和测试值会存在一定差别。为了准确测试温度对平面螺旋电感的影响作用，在实际测试中，应尽量选取在电感自谐振频率前较平稳的一段作为实验对象。通过所搭建的高温测试平台对所制备的 LTCC 电感元件进行高温测试，具体为：将电感元件放置于高温炉内，为了防止测试过程中电引线带来的寄生参数，我们选用的是耐高温的纯银导线，经过常温测试得出，电感线圈、电引线两端的电感值和电阻值基本保持不变，其寄生参数可忽略不计。将电引线穿过设置好的隔热炉门，与阻抗分析仪端的测试台连接，调节阻抗分析仪测试电感线圈在一定频率下的电感值和电阻值，调节高温烧结炉的控制参数使得电感元件从室温环境缓慢升温至 500 ℃高温环境。图 4-39 给出了电感线圈的电感值随温度变化情况。

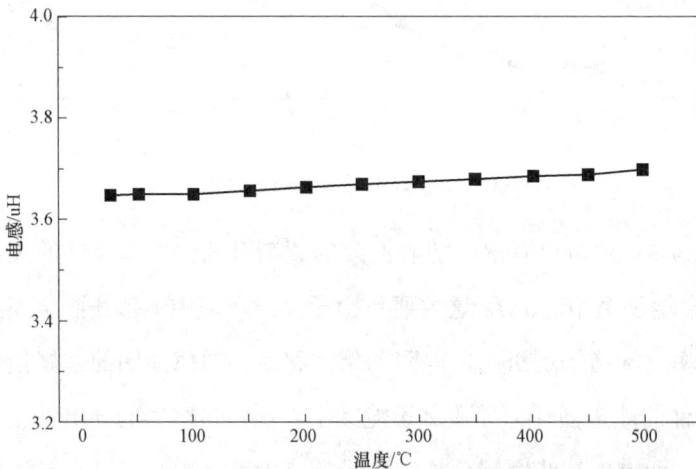

图 4-39　LTCC 电感 L 的变温特性曲线

从图中可以看出随着温度的逐渐升高，LTCC 电感元件的电感值随温度变化电感值变化较小，这主要是因为在高温环境中金属线圈的热膨胀随温度改变不大。

2. 温度对压敏电容的影响

电容元件作为压力传感器的一个关键部分，其在高温环境中的性能变化可能直接影响到压力传感器的性能变化。为了对所制备的 LTCC 无源耐高温压力传感器的电容元件在高温环境下的变化规律进行准确的分析研究，需要制备一种与所制备的无源耐高温压力传感器相同的 LTCC 电容元件。已经对 LTCC 耐高温压力传感器的制备工艺技术进行了详细的阐述，本书采用与其相同的工艺技术及实验材料实现 LTCC 电容元件的制备，并通过银丝实现电容元件与外界之间的电引线连接。所制备的 LTCC 电容元件与所制备的 LTCC 无源耐高温压力传感器具有相同的电容结构参数（仍选用四层 Dupont951 生瓷片实现密封空腔的制备，电容极板为方形电容极板，极板的面积约为 1 cm^2），所制备的 LTCC 电容元件结构示意图如图 4-40 所示，实物图如图 4-41 所示。

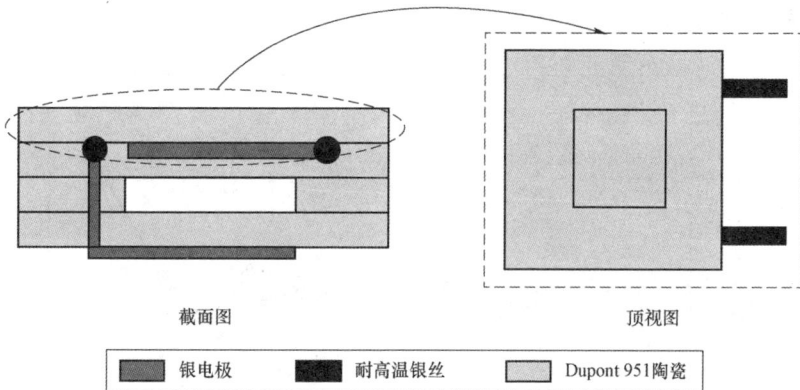

截面图　　　　　　　　　　顶视图

　■ 银电极　　　■ 耐高温银丝　　　□ Dupont 951 陶瓷

图 4-40　LTCC 电容元件结构示意图

为对所制备的 LTCC 电容元件进行变温特性测试，测试过程中为了防止炉内部温度分布均匀所产生的误差引起测试结果的不准确，将所制备的 LTCC 电容元件置于炉内热电偶附近。LTCC 电容结构上耐高温的纯银导线穿过隔热炉门与阻抗分析仪测试台连接。调节阻抗分析仪测试电容空腔在一定频率下的电容值，高温炉内温度设置从常温上升至 500 ℃。

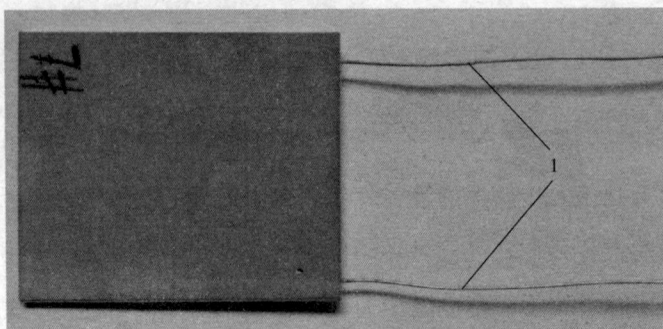

图 4-41　LTCC 电容实物图
1—耐高温银丝。

　　首先对所制备的 LTCC 电容元件的直流特性进行分析，将所制备的电容元件置于 Nabertherm LHT 08-16 高温台式炉中，调节烧结炉的工艺参数对陶瓷基电容元件进行室温至 500 ℃的缓慢加热，加热过程中记录下电容元件的电阻值随温度变化的情况。以基板厚度、极板大小，以及所测得的不同温度下的电阻值，利用欧姆定律可以计算得出 LTCC 材料在不同温度下的电阻率，如图 4-42 所示。

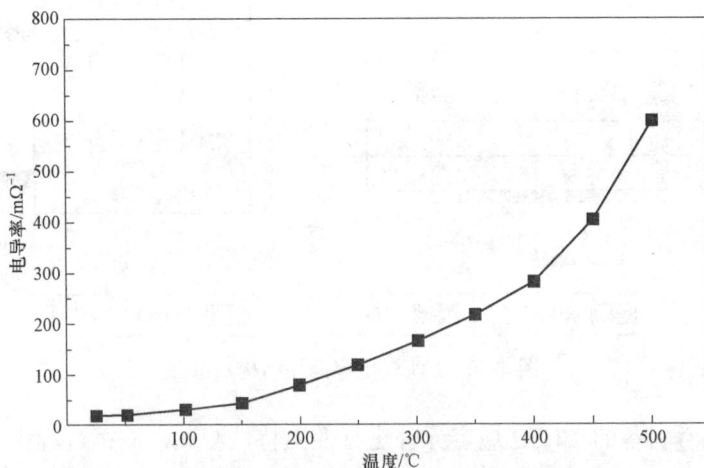

图 4-42　Dupont 951 陶瓷电导率的变温特性曲线

　　从图 4-42 中可以看出，室温环境下 Dupont 951 陶瓷基本不导电，随着温度的逐渐升高，其导电性能逐渐增加。由第 2 章可知高温环境中较高的电导率会影响所制备的压力传感器的性能，进而限制了 LTCC 耐高温压力传感器在高温环境中的进一步应用。从电导率方面分析，如果耐高温压力传感器需要工作于更高的温度环境中，该种材料将不可应用，必须换用高温氧化铝陶瓷或蓝宝石等高温环境中电阻率更高的基底材料来实现压力传感器的制备。图 4-43 为所制备的 LTCC 电容元件的变温特性曲线。

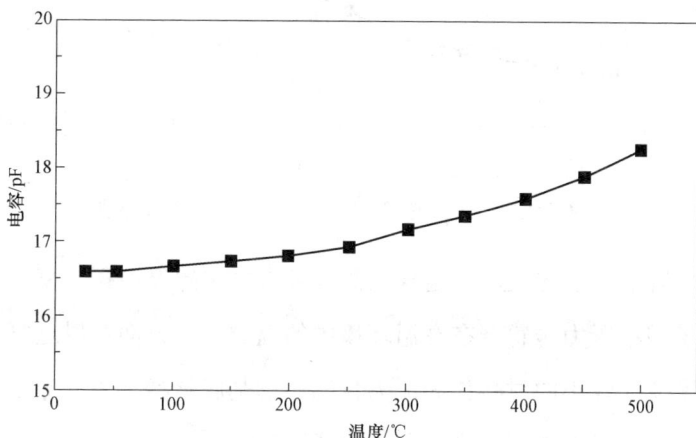

图 4-43　LTCC 电容 C 的变温特性曲线

从图 4-43 中可以看出，电容值随着温度呈增大趋势，由室温环境的 17 pF 逐渐增加至 500 ℃的 18.1 pF。根据电容极板的计算公式，我们可以间接地分析出高温环境中引起电容变化的原因可能存在以下几方面：① Dupont 951 陶瓷材料的相对介电常数在高温环境中发生变化；② 高温环境中电容极板与极板间距受热发生膨胀变形。但是在高温环境中相对于基底材料的相对介电常数，基底材料的热膨胀以及电容空腔厚度 t_g 的变化都非常小，可以忽略不计，因此，电容值随温度变化可近似认为是由基底材料的相对介电常数随温度变化引起的。

根据电容计算公式 $C = \varepsilon_0 \cdot \varepsilon_r \cdot S/d$（其中，敏感膜厚度 t_{m1}、真空介电常数 ε_0、电容空腔边长 a_2 及空腔高度 t_g 已知）我们可以间接地求出 Dupont 951 陶瓷相对介电常数随温度的变化规律，如图 4-44 所示。从图 4-44 可以看出，随着温度的升高，相对介电常数从室温的 0.78 逐渐增大到 500 ℃的 0.88，则

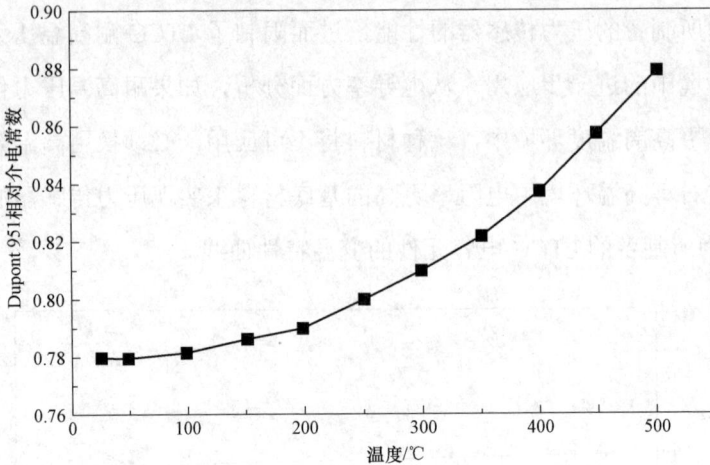

图 4-44　Dupont 951 陶瓷相对介电常数的变温特性曲线

传感器的电容值随之增大，这是导致高温环境中传感器谐振频率改变的主要原因。为了减小压力传感器在高温环境中的温漂，一方面可以选择相对介电常数随温度变化较小的材料作为压力传感器的基底材料，另一方面可以通过对其进行温度补偿来减小温度对压力传感器的影响。

综上所述，通过上述对 LTCC 电容及电感元件的分析，得出在高温环境中陶瓷基底电阻率、相对介电常数、电感线圈的电阻率等是影响压力传感器电学性能的几个关键因素。从电学方面分析，首先如果耐高温压力传感器需要工作于 500 ℃以上的高温环境，选用氧化铝、碳化硅、蓝宝石等可以稳定地工作于高温环境且介电常数相对稳定电阻率较大的耐高温材料，以及在高温环境中具有较高电导率的金属来实现高温压力传感器的制备。当然，除此之外还有其他的原因，如材料的热膨胀、收缩率、塑性形变、抗弯曲强度、样式模量、泊松比等力学性能参数。

4.6.4　氧化铝陶瓷无源耐高温压力传感器的性能测试及表征

为了对所制备的氧化铝陶瓷无源耐高温压力传感器在室温环境下的压力性能进行分析，将其置于所搭建的常温变压测试系统平台上进行测试。

图 4-45 为所测得耐高温压力传感器室温环境下随压力的曲线变化图。从

图 4-45 中可以看出，当压力为 0 bar 时，LTCC 耐高温压力传感器的谐振频率约为 31.5 MHz，当压力为 2 bar 时候其谐振频率约为 30.65 MHz，随着压力的不断均匀增大，LTCC 耐高温压力传感器的谐振频率均匀地减小。与理论计算值相比较压力传感器的谐振频率存在一定的偏差，这是因为密封空腔在成型过程中敏感膜存在预形变。由于丝网印刷过程为手动丝网印刷难以精确控制参数，存在丝印不精确的原因。因此，与理论值的偏差要大于之前所制备的 LTCC 耐高温压力传感器。另外，由于氧化铝陶瓷压力传感器两侧均有敏感膜而 LTCC 压力传感器只有单侧存在敏感膜，因此，其灵敏度相对之前的 LTCC 压力传感器要略高。

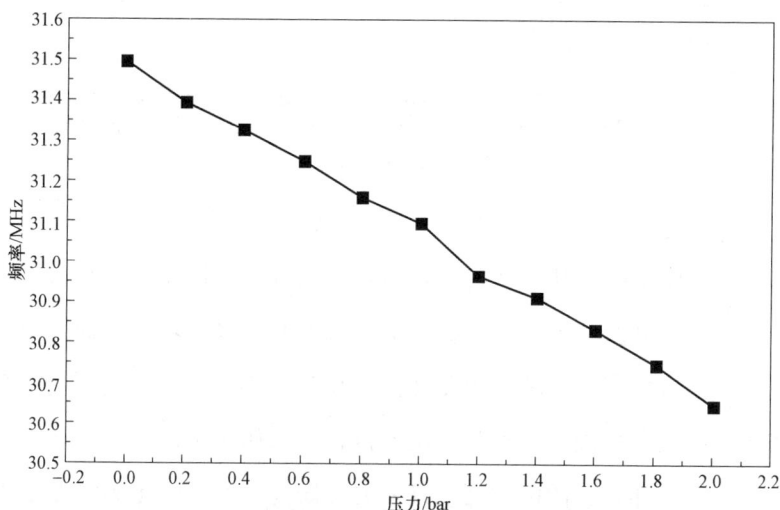

图 4-45　特征频率变压特性曲线

为了对所制备的氧化铝陶瓷高温压力传感器在高温 – 压力联合环境下的性能进行测试分析，将其置于所搭建的温度 – 压力联合测试系统平台上进行测试。同 LTCC 压力传感器的测试方法相同，改变温度 – 压力联合测试系统平台中的控制参数，依次实现室温、200 ℃、400 ℃、600 ℃、800 ℃温度环境中的压力测试，测试结果如图 4-46 所示。

从图 4-46 中可以看出，在相同温度下，随着压力的升高，传感器的谐振频率近似呈 "线性" 规律逐渐减小；压力传感器的灵敏度随着温度的升高而逐渐增大，从 420 kHz/bar 变化为 750 kHz/bar。相比 LTCC 高温压力传感器的性能，其随温度逐渐升高，灵敏度变化较为缓慢，这主要是因为在高温环境中相对于 Dupont951 陶瓷氧化铝陶瓷的力学性能参数变化较小。

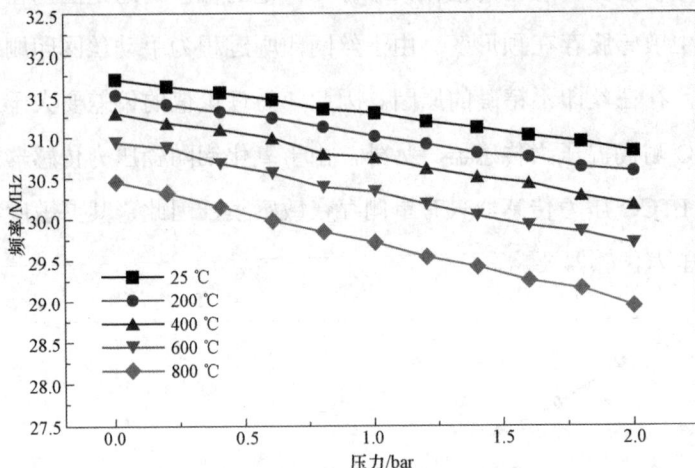

图 4-46　梯度温度环境下压力传感器变压特性曲线

综上，相比 LTCC 压力传感器，氧化铝陶瓷耐高温压力传感器，其工作温度可以达到 800 ℃，并且可以稳定地完成 800 ℃高温环境中的压力参数的原位测试，但压敏在高温环境中元件仍然存在温漂。较高温度环境中特征频率的获取仍不是很精确，且限制了压力传感器工作于更高的温度环境。下一节我们对其高温环境中的影响因素具体展开研究，为后续更高温度压力传感器材料选型及结构设计等奠定理论基础。

4.6.5　氧化铝陶瓷耐高温压力传感器的性能影响因素分析

通过对氧化铝陶瓷无源耐高温压力传感器进行不同环境下的性能测试分析，可以看出压力传感器在室温环境下能够较好地完成压力测试，相对于上节 LTCC 无源耐高温压力传感器，氧化铝陶瓷耐高温压力传感器可以稳定地工作于 0～800 ℃高温环境中，并且可以实现 800 ℃高温环境中压力的原位测试。但是随着温度的逐渐升高，压力传感器与测试天线之间的耦合效果仍然会变得越来越弱，一些性能参数仍然随温度的变化产生较大的改变，以至于高温环境中不能精确地实现压力传感器频率信号的获取。为了进一步对所制备的氧化铝陶瓷耐高温压力传感器性能影响因素进行分析，分别对其高温环境下的电感-电容元件进行了测试分析，主要参数包括氧化铝陶瓷的电导率、介电常数，以及传感器 LC 电路的电感、电阻等，具体如下。

1. 温度对平面螺旋电感的影响

为了对所制备的压力传感器的电感元件在高温环境下的变化规律进行分析研究，制备了一种与所制备的氧化铝陶瓷耐高温压力传感器相同的氧化铝陶瓷平面螺旋电感线圈。使用与其相同的制备工艺技术实现了氧化铝陶瓷电感元件的制备，并通过银丝实现电感元件与外界之间的电引线连接。所制备的氧化铝陶瓷电感元件与所制备的氧化铝陶瓷耐高温压力传感器具有相同电感结构参数（电感的面积约为 25 cm^2，线宽和间距为 0.8 mm，线圈的圈数为 10，导体的厚度约为 30 μm），所制备的氧化铝陶瓷电感元件结构示意图如图 4-47 所示，实物图如图 4-48 所示。

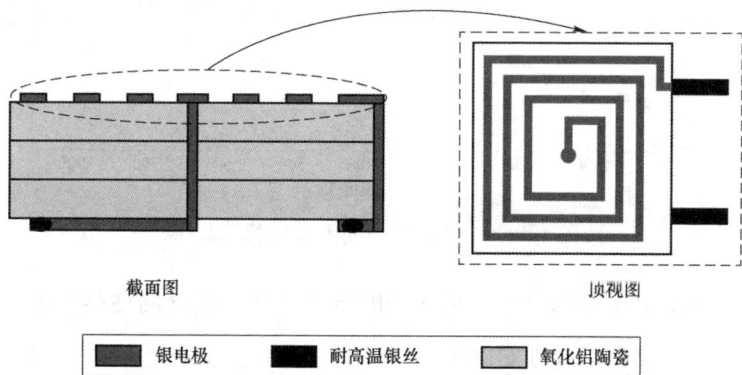

截面图　　　　　　　　　　　　　　　　顶视图

　　■ 银电极　　　■ 耐高温银丝　　　□ 氧化铝陶瓷

图 4-47　氧化铝陶瓷平面螺旋电感结构示意图

与 LTCC 电感元件测试方法相同，首先我们使用 Agilent 34410A 高精度万用表对电感元件在高温环境下的电阻进行测试分析，（需说明：由于高温氧化铝陶瓷在室温~1 000 ℃范围内具有较好的稳定性，而银在室温~850 ℃范围内具有较好的稳定性，所以只进行了室温~800 ℃范围内的测试分析）电

感线圈电阻 R 的变温特性曲线如图 4-49 所示。

图 4-48　氧化铝陶瓷电感实物图

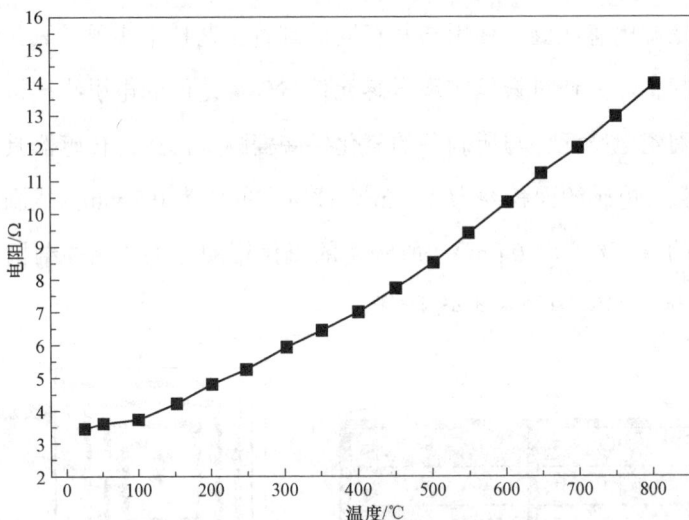

图 4-49　电感直流电阻 R 变温特性曲线

　　从图 4-49 中可以看出，电感元件的电阻值随温度升高逐渐增加，从常温下的 2.87 Ω 增加到了 800 ℃时的 14.5 Ω，变化量约为原始值的 5 倍。进而我们通过公式间接的得出获得其电导率与温度的关系。相比 LTCC 电感元件电阻值随温度的变化，氧化铝陶瓷电感元件电阻随温度变化较小，其可能原因为：① 电感线圈丝印厚度的增加使得电感线圈的横截面积增加进而一定程度上减小了电阻值；② ESL9912A 银电子浆料中银含量高于 Doupont 6142D 银电子浆料中银的含量，其电阻随温度变化较小。

待完成电感线圈的直流电阻的测试之后，我们采用与 LTCC 电感元件相同的测试方法，通过 Agilent E4991A 阻抗分析仪对其电感值进行高温测试，测试结果如图 4-50 所示。可以看出，在室温环境下测得的电感值约为 3.6 μH（与理论值接近），当电感线圈由室温逐渐升温至 800 ℃的过程中，测得其电感值随温度的变化较小。

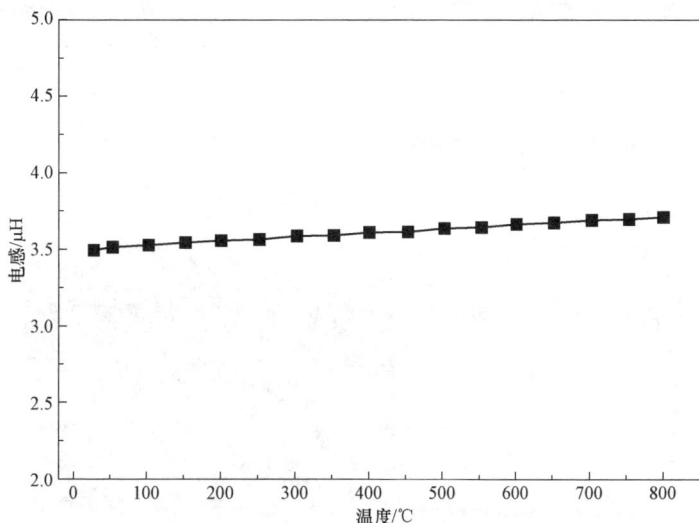

图 4-50　氧化铝陶瓷电感 L 变温特性曲线

2. 温度对压敏电容的影响

采用与相同的制备工艺技术来实现氧化铝陶瓷电容元件的制备，并通过银丝实现电容元件与外界之间的电引线连接。所制备的氧化铝陶瓷电容元件与所制备的氧化铝陶瓷耐高温压力传感器具有相同的电感结构参数。

图 4-51 及图 4-52 分别为所制备的氧化铝陶瓷电容元件的结构示意图与实物图。首先我们对所制备的陶瓷基电容元件的直流特性进行分析，将所制备的电容元件置于 Nabertherm LHT 08-16 高温台式炉中，调节烧结炉的工艺参数使得氧化铝陶瓷电容元件由室温缓慢升温至 800 ℃，升温过程中记录下电感线圈的电阻值随温度变化的情况。通过欧姆定律我们可以间接地计算得出氧化铝陶瓷在不同温度下的电阻率（陶瓷基板厚度、电容极板大小均已知，

导线寄生电阻忽略不计），如图 4-53 所示。

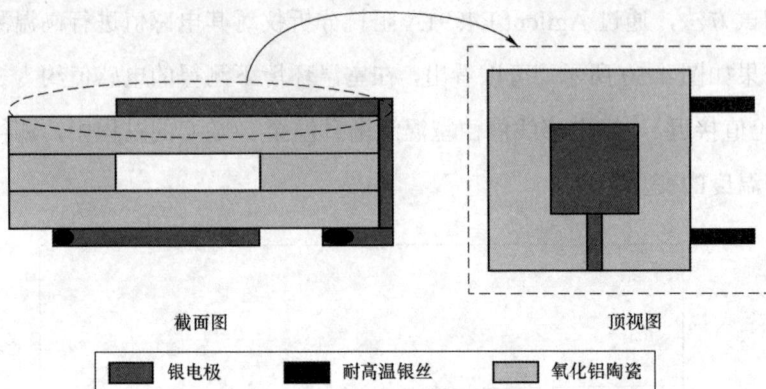

截面图　　　　　　　　　　　　　　顶视图

　■ 银电极　　■ 耐高温银丝　　■ 氧化铝陶瓷

图 4-51　氧化铝陶瓷电容结构示意图

图 4-52　氧化铝陶瓷电容实物图

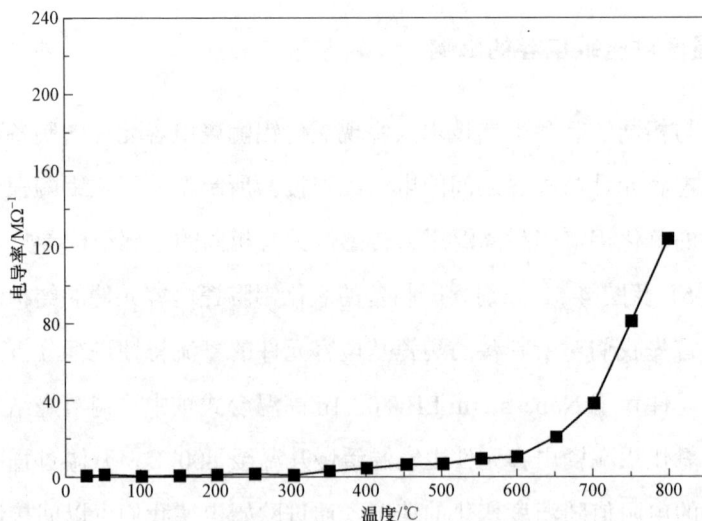

图 4-53　氧化铝陶瓷电导率变温特性曲线

从图中可以看出，室温～800 ℃高温环境中氧化铝陶瓷的电导率随着温度逐渐升高，由之前的理论分析可知电导率逐渐增加将会增加衬底损耗，进而对无源耐高温压力传感器的性能产生影响。尽管高纯氧化铝在高温下具有更低的电导率，更有利于耐高温压力传感器的性能提高，但是高纯氧化铝陶瓷的制备所需的烧结温度更高，空腔及敏感膜的形成难度更高，对相应设备及工艺条件要求将会更为苛刻。因此，如果耐高温压力传感器需要在更高温度环境中工作，该种材料将不再适用，需要换用蓝宝石等高温环境中电阻率更高的基底材料来实现压力传感器制备。图 4-54 为氧化铝陶瓷电容 C 的变温特性曲线。

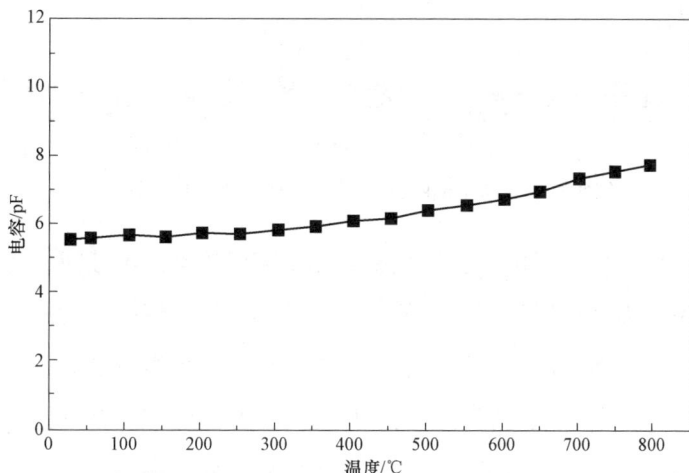

图 4-54　氧化铝陶瓷电容 C 变温特性曲线

从图 4-54 中可以看出，氧化铝陶瓷电容的电容值随温度的逐渐升高呈逐渐增大。当温度由室温环境逐渐升温至 800 ℃时，氧化铝陶瓷电容元件的电容值从 17 pF 逐渐增加至 18.1 pF。由电容计算公式 $C = \varepsilon_0 \cdot \varepsilon_r \cdot S / d$，可以看出氧化铝陶瓷电容跟氧化铝陶瓷的相对介电常数 ε_r、电容极板的面积 S 及极板间的距离 d 存在函数关系，且由于高温环境中氧化铝陶瓷材料的热膨胀较小可以忽略不计，这里我们近似认为高温环境中电容极板的面积及电容极板之间的距离基本保持不变，因此，可以间接推断出高温环境中陶瓷相对介电常数的变化是导致氧化铝陶瓷电容 C 变化的最主要的原因。

通过图4-55及电容计算公式我们可以计算得出氧化铝陶瓷相对介电常数的变温特性曲线，如图 4-55 所示。从图 4-55 中可以看出，氧化铝陶瓷的相对介电常数从室温环境下的 8.78 逐渐增加到 800 ℃高温环境中的 11.6。

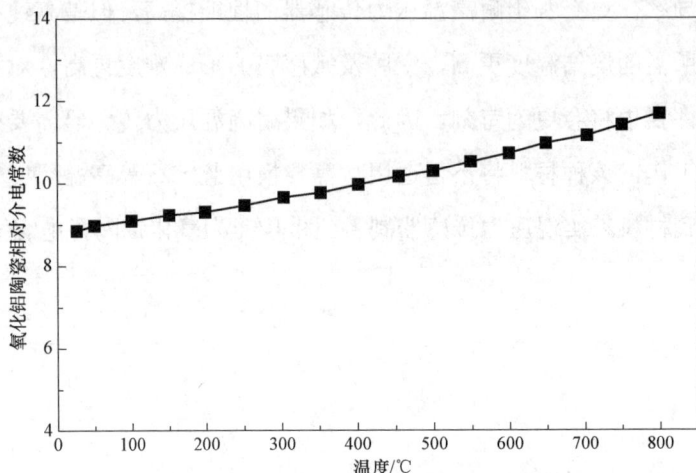

图 4-55　氧化铝陶瓷相对介电常数变温特性曲线

综上分析，可以得出高温环境中氧化铝陶瓷的耐高温性能、相对介电常数、电阻率，以及电感线圈金属的电阻率是影响氧化铝陶瓷耐高温压力传感器的几个关键因素。在高温环境中 Q 值的逐渐减小使得测试天线与传感器之间的耦合逐渐减弱，从而影响压力传感器特征频率测试的精确性；而压力传感器的串联电阻的逐渐增大，以及氧化铝陶瓷基底较高的电导率导致的涡流效应等，是导致压力传感器 Q 值减小的最主要原因；高温环境中，氧化铝陶瓷相对介电常数的变化也导致了 LC 压力传感器的温漂效应，由于所制备的 LC 谐振元件为压力传感器，如果温漂大于压力的敏感程度，将会无法正确地获取压力传感器的特征频率实现压力的原位测试。除此之外，氧化铝陶瓷材料在高温环境中变化的杨氏模量、泊松比、抗弯曲强度等也一定程度上影响了压力传感器的性能，由于实验条件等的限制，本书未能展开进一步研究分析。因此，如果压力传感器想要工作于更高的温度环境，除了选择可以工作于更高温度环境的耐高温金属及基底材料外，还需要从以下几个方面进行改进：① 减小温度对电性能元件的影响；② 选择高温环境中介电常数相对稳定且电阻率较大的材料为基底材料；③ 提高 LC 压力传感器的 Q 值。

4.7 本章小结

本章从典型耐高温材料的工作温度为出发点，以 Dupont951 陶瓷材料、氧化铝陶瓷材料分别实现了 LTCC 无线无源高温压力传感器、氧化铝陶瓷无线无源高温压力传感器的制备及性能测试验证。

对 LTCC 微组装工艺技术进行了概述，结合微组装工艺技术对 LTCC 无源耐高温压力传感器进行了设计，并重点阐述了 LTCC 无源耐高温压力传感器的制备工艺流程，其间，通过设计排气孔及玻璃珠密封实现了密封空腔的制备；通过选用 ESL4900 碳膜作为易逝材料减小了敏感膜的塌陷；通过优化烧结工艺参数曲线实现敏感膜的致密性。

针对 LTCC 耐高温压力传感器工作温度的局限性，我们提出了氧化铝陶瓷耐高温压力传感器，首先对厚膜集成工艺技术进行了概述，结合 LTCC 微组装工艺技术与厚膜集成工艺技术对氧化铝陶瓷耐高温压力传感器进行了设计，通过选用氧化铝生带、ESL4900 易逝碳膜，以及 ESL9912A 银电子浆料实现了氧化铝陶瓷耐高温压力传感器的制备。制备过程中，通过优化烧结温度与烧结时间等工艺参数来提高银电子浆料金属化层的电导率以及与陶瓷基板的附着力；通过优化丝网印刷板的工艺参数来提高电性能元件的精确度。

基于所搭建的相关测试系统平台：室温环境下压力测试系统平台（0～2 bar，最小精度 0.01 bar）；温－压复合测试系统平台（室温～1 000 ℃，压力范围 0～2 bar），完成传感器的性能测试验证。首先，对所制备的 LTCC 无源耐高温压力传感器进行了性能测试分析，室温环境下 LTCC 无源耐高温压力传感器的灵敏度可以达到 0.282 Hz/bar，且可以稳定地完成 400 ℃高温环境下 0～2 bar 范围内压力的原位测试。对高温环境下压力传感器的性能影响因素具体展开了分析研究，得出高温环境中电感元件电阻的增大、压力传感器基底材料相对介电常数，以及电导率的增大是影响压力传感器性能的几个关键因素。其次，对所制备的氧化铝陶瓷无源耐高温压力传感器进行了性能测试分析，室温环境下氧化铝陶瓷的耐高温压力传感器其灵敏度可以达到 0.42 MHz/bar，且可以稳定地完成 800 ℃高温环境下 0～2 bar 范围内压力的原位测试。对高温环境下压力传感器的性能影响因素具体展开了分析研究，得出高温环境中电感元件电阻的增大、压力传感器基底材料相对介电常数，以及电导率的增大是影响压力传感器性能的几个关键因素。

第 5 章 无线无源温度传感器

5.1 温度传感器的设计

本章所提出的基于非接触式无线无源温度传感器以 951AT LTCC 为基底材料，以一种高居里点的铁电陶瓷材料作为对温度敏感的介质材料制备而成，其结构模型如上文所提到的高温压力传感器的模型所示（图 4-6）。具有成本低，制作工艺简单，在高温、易腐蚀等恶劣环境中物理和化学性能稳定等优点。

该高温温度传感器整体结构是由七层生瓷片叠加后烧结成一体，第一层和第七层生瓷片的外表面即构成了电容上、下极板，在第一层的电容上极板与电感线圈一端串联，其另一端则通过侧壁导线与第七层的电容下极板互联，整体形成 LC 无源谐振回路。同时第一层至第六层的相同位置上均有小通孔，经过叠片之后该通孔贯通，并且通过第二层上镂空的细小通道和空腔连接，可使空腔抽真空后密封，保证空腔一定时间内基本处于真空状态。此外，中间六层的正中央是镂空的正方形，形成空腔结构，填充 PN 瓷（$PbNb_4O_6$）作为电介质材料，此种 PN 瓷是一种铁性瓷，其横截面图如图 5-1 所示。

同样是由一个平面螺旋线圈和基板电容组成，平面螺旋线圈通过过孔与电容基板互联，形成 LC 谐振回路。与高温压力传感器结构有所不同的是，高温温度传感器结构中填充了一种铁电陶瓷作为对温度敏感的介质材料，因此，在此传感器结构中温度的变化依然依赖于谐振频率的变化。上述所提到的填充的铁电陶瓷的介电常数会随温度的变化而变化，导致电容值的变化，从而致使传感器的谐振频率发生变化，正式利用了铁电陶瓷这一特性获得恶劣环境中的温度参数，变换关系如图 5-2 所示。

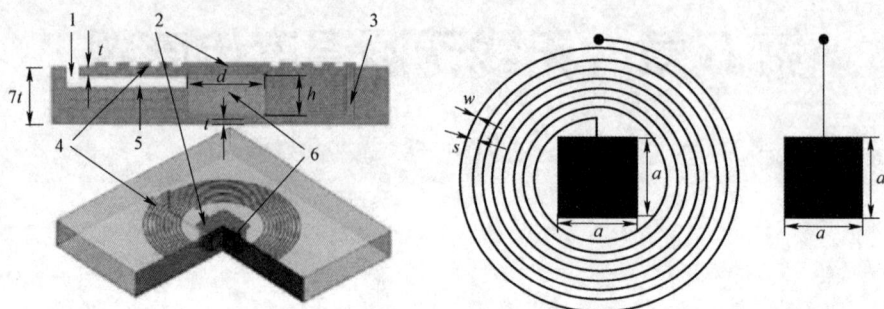

图 5-1　高温温度传感器三维立体结构图

1—排气口；2—电容基板；3—过孔；4—电感线圈；5—排气通道；6—铁磁介质。

图 5-2　温度参数获取方法关系图

其中，圆形螺旋电感线圈的自感系数 L_s 由式（5-1）可得：

$$L_s = \frac{\mu_0 n^2 d_{avg}}{2}\left[\ln\left(\frac{2.46}{\varphi_s}\right) + 0.2\varphi_s^2\right] \tag{5-1}$$

式中，$\mu_0 = 4\pi \times 10^{-7}$ H/m 是空间磁导率，$d_{avg} = 2r_s + n(s+w)$ 是螺旋线圈的平均直径，$\varphi_s = n_s(s+w)/[2r_s + n(s+w)]$ 表示占空比。将各参数代入上式可得，在常温条件下 L_s 的值为 1.345 μH。平行板极间的电容值 C_{plate} 为：

$$C_{plate} = \frac{\varepsilon_0 d^2}{\dfrac{t}{\varepsilon_{re}(T)} + \dfrac{h}{\varepsilon_{rd}(T)}} + \frac{\varepsilon_0(a^2 - d^2)}{\dfrac{\delta t}{\varepsilon_{re}(T)}} \tag{5-2}$$

式中，$\varepsilon_0 = 8.85 \times 10^{-12}$ F/m 为空气的介电常数，$\varepsilon_{re}(T)$ 和 $\varepsilon_{rd}(T)$ 分别是 LTCC 生片和铁电陶瓷材料随温度变化的电介质常数。为了分析电容 C_{plate} 随温度的变化规律，我们在 2 MHz 的环境条件下测试了从室温到 600 ℃之间铁电陶瓷和 951AT LTCC 材料的电介质常数变化规律，如图 5-3 所示。

由上述测试结果可知，铁性瓷的电介质常数随温度的变化不呈现单调性，当温度达到 400 ℃时，它的电介质常数会随温度的增加而迅速减小。但是，当我们将所测的电介质常数、温度等参数带入电容值计算式时，发现电容值的变化呈单调性，这是因为 LTCC 材料递增的电介质常数补偿了铁性瓷电介质常数的减小。

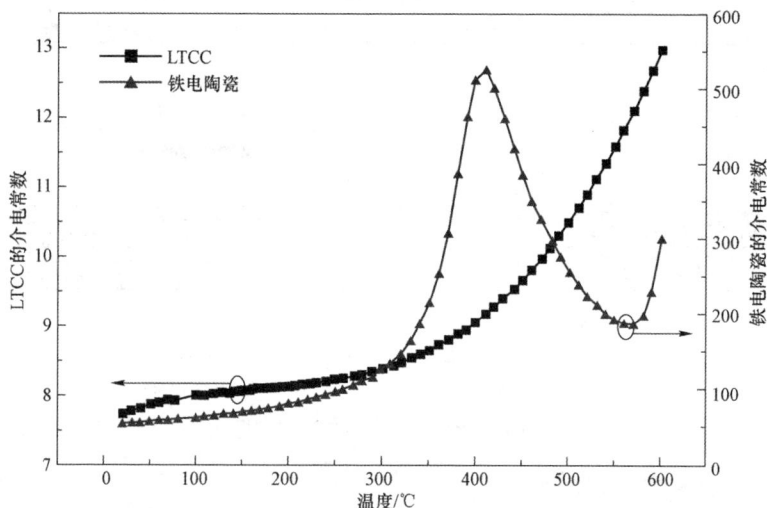

图 5-3　LTCC 基底与铁磁材料的电介值常数随温度变化曲线

5.2　温度传感器的制备工艺

所设计的陶瓷高温温度传感器的感温陶瓷件为七层结构体。采用高温瓷工艺与低温瓷工艺相结合，突破以往低温共烧与高温共烧存在的弊端，采用非共烧工艺方法加工而成，制备工艺流程如图 5-4 和图 5-5 所示。

具体步骤如下。

① 网版的制作。首先通过 CAD 绘图软件绘制出所需印刷的电容以及电感线圈的版图，如图 5-5（b）所示，该版图作为掩膜板来刻蚀网版，然后利用网版将银浆料印刷在 LTCC 生瓷片上。

② 打孔。将氧化锆陶瓷材料置于 80 ℃的烘干炉中持续 30 分钟以上的预处理，再调用设计好的打孔文件冲出所需的定位孔、过孔、排气孔、排气通道、空腔结构等，如图 5-5（a）所示。其中，呈直线队列的定位孔作为生瓷

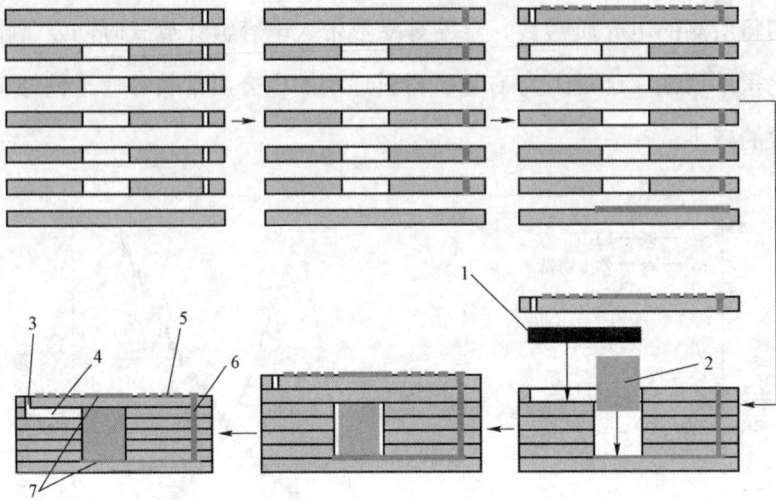

图 5-4 高温温度传感器制备工艺流程图

1—牺牲层；2—铁电陶瓷材料；3—排气孔；4—排气通道；

5—电感线圈；6—过孔；7—电容基板。

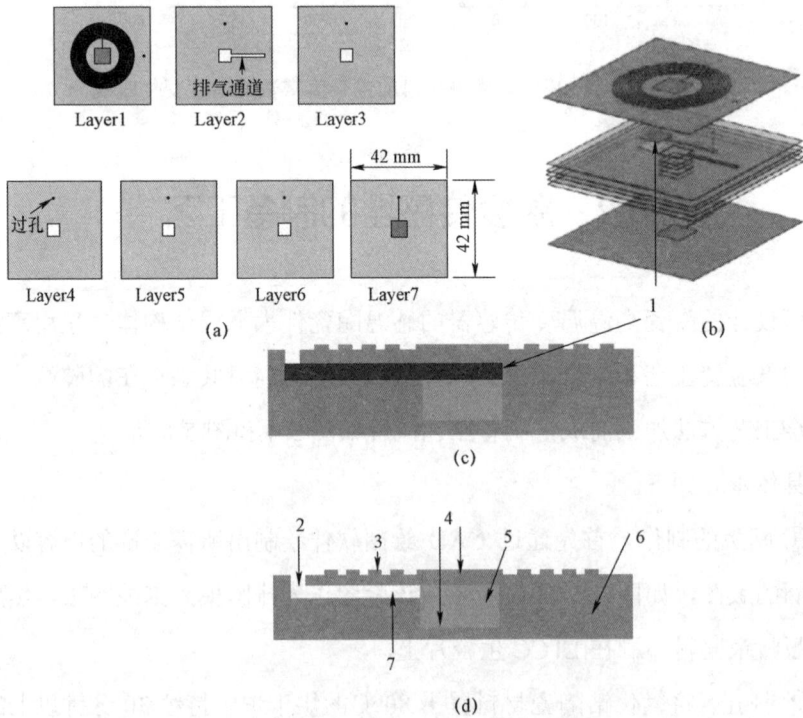

图 5-5 高温温度传感器制备工艺流程图

（a）打孔、通过填充和导体印刷；（b）叠片；（c）层压；（d）共烧后传感器的示意图

1—牺牲层；2—排气孔；3—电感线圈；4—电容基板；5—铁性磁；6—过孔；7—排气通道。

片对齐以及丝网印刷的基准；过孔实现不同层面上的两个电容基板之间的电连接。

③ 填孔。使用 DuPont61426D 银浆对生瓷片的过孔进行填充实现互联通孔金属化。具体是首先将浆料均匀涂覆到填孔机的载物板上，再将过孔网版置于浆料层上，然后将生瓷片与网版对准后置于网版上送入填充机，利用填充剂顶层抽吸的方法将通孔填充，烘干即可实现金属化。

④ 印刷。利用银浆和 325 个网眼的网版完成对电感和电容图形进行丝网印刷，首先将网置于丝网印刷机上并使生瓷片与网版对准，校准之后加入银浆料严格控制刮刀的力度、速度与角度，完成圆形线圈的印刷。此外，刮刀的参数设置非常重要，如果参数设置不慎都会引起漏印或者图案模糊等状况，直接影响整个传感器的性能。

⑤ 叠片。经过烤箱干燥过的生瓷片按照事先设计好的顺序通过校准设备堆叠在一起，首先将底层和中间有空腔的六层生瓷片按次序堆叠在一起，置于叠片机中进行叠片工艺，形成一个较完整的多层基板胚体。再将叠好的结构从叠片机中取出，按照设计尺寸切割好的铁磁性材料以及碳膜依次放入空腔结构中完成填充工艺，并通过显微镜观察是否填充完全。最后将第一层生瓷片与该结构堆叠到一起置于叠片机内，进行生瓷片、敏感膜以及铁磁性材料的叠片。

⑥ 压层。将叠片完成后的多层结构体进行真空包封，这样做的目的是保证其气密性，然置于压层机中，在 15 MPa 的压力条件下持续加压 20 min 的压层工艺，在此期间压层机中的温度设置为 70 ℃。压层步骤的主要作用就是使瓷片层之间能够更紧密地接触，以便在后续的烧结工艺中形成一个整体，而不出现分层的现象。另外，压层机内部的压力是各向同性的等静压力，所以能保证高压下该多层基板胚体结构的足够稳定性，如图 5-5（c）所示。

⑦ 切割。将经过压层工艺的多层衬底置于干燥炉中在 70 ℃的温度环境下进行 10 分钟的预加热，再由热切割设备将其切割成单独的传感器样品。在切割过程中，刀片和平台都需要冷却以保证切割面的光滑以及线性垂直，当

然其温度得准确控制。

⑧ 高温烧结。按照图 5-5 所示的高温烧结曲线将传感器样品置于烧结炉内进行烧结固当烧结温度达到峰值 850 ℃时，多层基板胚体会形成一体化的七层整体结构，与此同时，作为牺牲层的碳膜也完全挥发，如图 5-5（d）所示。

5.3 高温温度传感器测试

5.3.1 测试平台搭建

通过上述工艺流程制备出来的传感器样品如图 5-6 所示，利用中北大学微米纳米实验中心搭建的测试平台对该传感器样品进行了从室温至 700 ℃高温的高温测试。该高温测试平台主要包括一台密闭的烧结炉、E5061 网络分析仪如图 5-7 所示。

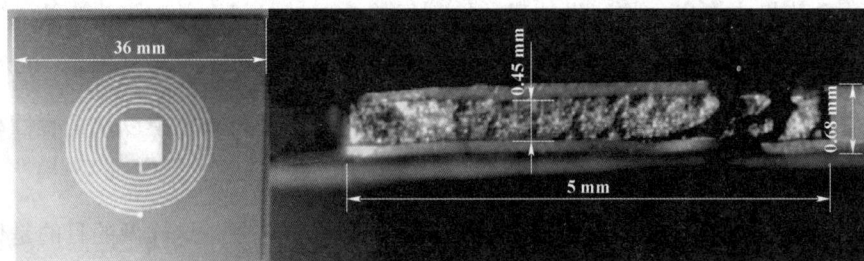

图 5-6　高温温度传感器样品

该温度测试的目的是测试传感器在室温到 700 ℃的不同温度条件下的输出信号变化情况。测试过程当中，传感器放在由钨丝制作成的读取天线之上再置于马弗炉中进行温度从室温到 700 ℃的高温测试。读取天线的两端通过马弗炉通孔与 Agilent E5061 阻抗分析仪连接以便对输出信号测试。信号读取是通过天线的最小阻抗相位来实现的。在这里选取钨丝做读取天线的金属材料是由于它在高温环境之下较好的化学稳定性。钨丝天线线圈的最大半径

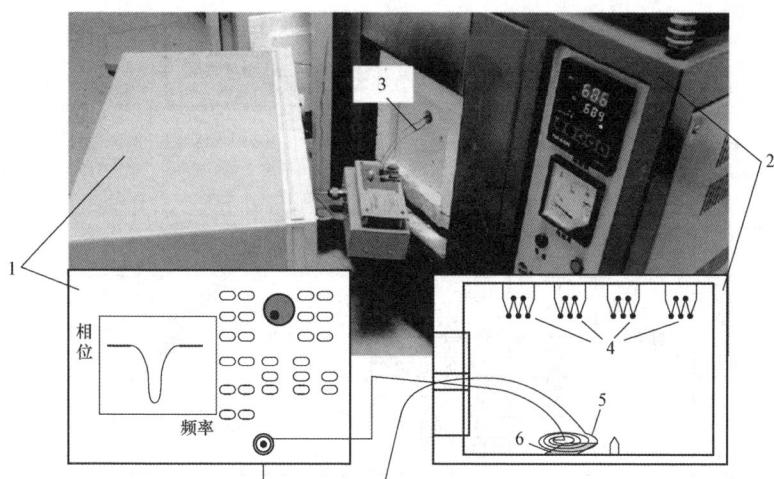

图 5-7　高温试验平台

1—网络分析仪 E5051B；2—密闭熔炉；3—钨杆；4—加热器；5—钨丝天线；6—传感器。

为 5 mm，与传感器之间的同轴距离为 10 mm。该高温温度传感器与钨丝读取天线之间的耦合系数大概为 0.443，计算公式如式（5-3）：

$$k(l) \cong \frac{r_1^2 \cdot r_2^2}{\sqrt{r_1^2 \cdot r_2^2 (\sqrt{l_2 + r_2^2})^3}} \qquad （5-3）$$

式中，l 是传感器与读取天线之间的距离，r_1、r_2 分别表示传感器线圈与天线线圈的半径。

5.3.2　高温温度传感器温度测试

高温温度传感器的高温测试实验是在如图 5-8 所示的测试平台中实现的，传感器与天线都置于熔炉内，天线的两个末端通过熔炉门的通孔伸张到熔炉外与外边处于室温环境下的网络分析仪相连接试，其中谐振频率由网络分析仪中天线的最小阻抗相位变化而得到。为了保证测试结果的可靠性，进行了三次频率随温度变化的重复实验，所测数据如图 5-9 所示。

由图 5-8 可知，三次测试谐振频率都随着温度的升高而降低，而且显示了较好的稳定性。由三次测试数据可推算出三次重复出现错误的概率为 5.47%，温度在 430 ℃以下时，传感器的灵敏度为 −5.75 kHz/℃，当温度上升

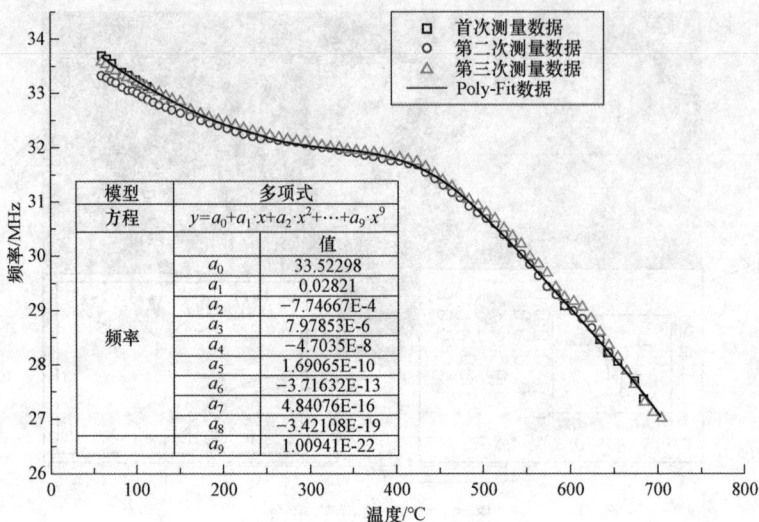

图 5-8　谐振频率变化曲线图

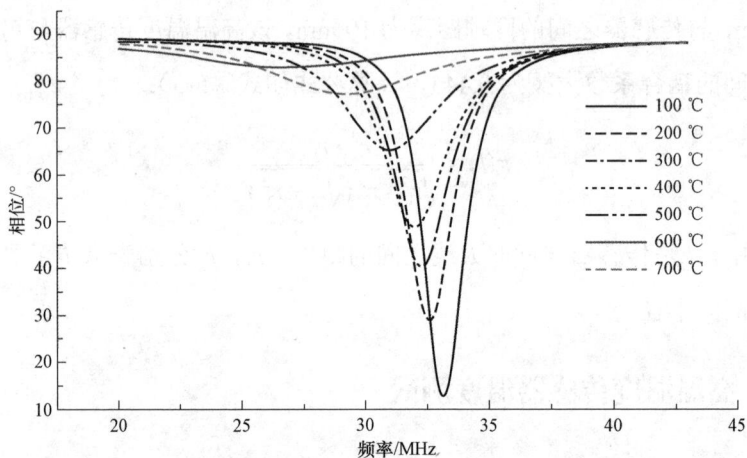

图 5-9　不同温度下阻抗相位随频率变化曲线图

到 700 ℃时，灵敏度达到 -16.67 kHz/℃。另外，由图 5-8 可以看出，在开始加热阶段（50～100 ℃），三次测试的数据出现偏差，其原因在于封闭熔炉起初的加热其温度控制不是特别精准以至于测试数据出现较小的偏差。图中测试曲线可由如下公式得出：

$$y = a_0 + a_1 x + a_2 x^2 + \cdots + a_9 x^9 \tag{5-4}$$

式中，y 是传感器的谐振频率（本书中频率的单位均为 MHz），a_0，a_1，$\cdots$，

a_9 是多项式系数，它们的值如图 5-8 中所示。此外，我们做了 100～700 ℃的不同温度下相位随频率变化的测试，其测试结果如图 5-9 所示。

由图 5-9 可知，随着温度的增加相位变化的量级也在不断的减小，由此可知传感器的品质因数在减小，究其原因主要有以下两点：① 金属材料银的电阻率 R_S 增加；② 铁磁与氧化锆陶瓷的电介质常数增加，导致电容值 C_S 增大。在工艺制备过程中，我们采用天线线圈与传感器电感线圈有相同的尺寸，在这种条件下测得的电感值与寄生电容值随温度的变化情况如图 5-10 所示。由图 5-10 可知，测试所得的电感值 L_S 比由式（5-1）所推算的电感理论值小，主要原因在于高温烧结工艺致使尺寸缩小，还有寄生效应的影响。再由式（5-3）可知，结合上文所测得的谐振频率、电感和寄生电容值，传感器内部平行基板电容值随温度的升高而减小，如图 5-10 所示。

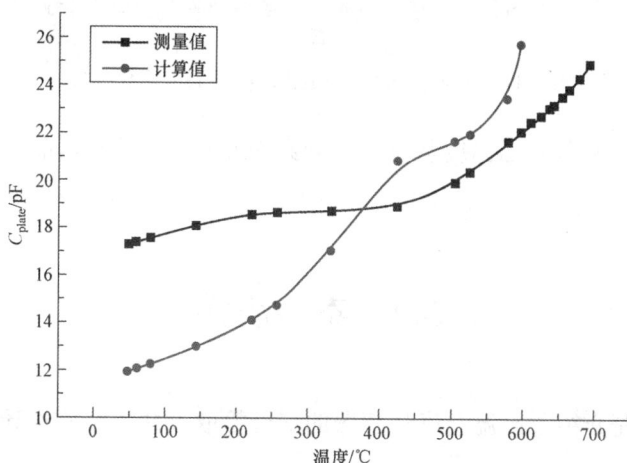

图 5-10　平行基板电容值随温度变化曲线

从图 5-10 中可以看出，理论值与测试值偏差比较大，其原因在于电容上基板塌陷和氧化锆陶瓷与铁磁介电常数的测试值偏离实际值。另外，在温度的上升阶段离子导电也可能使传感器的性能变差。

5.3.3　温度传感器品质因数测试

在搭建的实验测试平台中同样可由网络分析仪 E5061B 测得线圈的电阻

率 R_S 随温变化的情况，如图 5-11 中黑色曲线所示。将所测得的电阻值、谐振频率和电感值带入公式（5-3）即可得到品质因数随温度的变化情况，如图 5-11 所示。

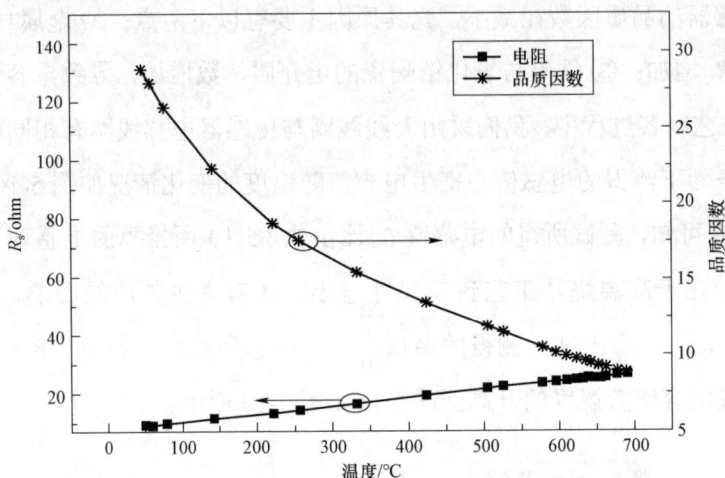

图 5-11　电阻值 R 和品质因数 Q 随温度变化曲线

由图 5-11 可知，当温度从室温上升到 700 ℃时，传感器品质因数从 48.8 减小到 7.83。

5.4　本章小结

本章首先介绍了高温温度传感器的信号拾取方法、结构设计方案及主要参数。紧接着重介绍了高温压力传感器的制备工艺流程主要包括构建内嵌空腔结构，填充铁电陶瓷材料和牺牲层。最后介绍了传感器的性能测试，包括 45～700 ℃的温度范围内传感器的耦合频率变化测试、电感值与寄生电容值随温度变化测试，以及平行基板电容值温度变化的测试，0～700 ℃六个温度节点下阻抗相位随频率变化的情况、常温到 600 ℃温度范围内的耦合频率测试，并对测试结构进行详细讨论。

参考文献

［1］ 张为，姚素英. 高温压力传感器现状与展望［J］. 仪表技术与传感器，
2002，4：6-8.

［2］ KURTZ A D, KOCHMAN B, HURST A, et al. Enhanced static-dynamic
pressure transducer suitable for use in gas turbines and other compressor
applications［P］. U. S. : US2014102209A1, 2013-12-24.

［3］ MARIOLI D, SARDINI E, SERPELLONI M, et al. A new measurement
method for capacitiance transducers in a distance compensated telemetric
sensor system［J］. Measurement Science and Technology, 2015, 16(8):
1593-1599.

［4］ CHEN L Y, HUNTER G W, NEUDECK P G, et al. Packaging technologies
for high temperature electronics and sensors［C］. 59th International
Instrumentation Symposium, Cleveland, OH, 2013.

［5］ BALAKRISHNAN A, PALMER W. D., JOINES W. T., et al. The inductance
of planar structures［C］. Proceedings Eighth Annual Applied Power
Electronics Conference and Exposition, San Diego, CA, USA, 1993:
912-921.

［6］ 朱作云，李跃进，杨银唐，等. SiC 薄膜高温压力传感器［J］. 传感器
技术，2001，20（2）：1-3.

［7］ ENGLISH J M, ALLEN M G. Wireless micromachined ceramic pressure
sensors［C］//Technical Digest. IEEE International MEMS 99 Conference.
Twelfth IEEE International Conference on Micro Electro Mechanical

Systems(Cat. No. 99CH36291). IEEE, 1999: 511-516.

［8］ FONSECA M A, ENGLISH J M, ARX M, et al. Wireless micromachined ceramic pressure sensor for high-temperature applications ［J］. Journal of Microelectromechanical Systems, 2002, 11(4): 337-343.

［9］ RADOSAVLJEVIC G, ZIVANOV L, SMETANA W, et al. A wireless embedded resonant pressure sensor fabricated in the standard LTCC technology ［J］. IEEE Sensor Journal, 2009, 9(12): 1956-1962.

［10］ 李莹. 基于 LTCC 的电容式高温压力传感器的设计、制作与测试 ［D］. 太原：中北大学，2013.

［11］ CANABAL A, DAVULIS P, HARRIS G, et al. High-temperature battery-free wireless microwave acoustic resonator sensor system ［J］. Electronics letters, 2010, 46(7): 471-472.

［12］ CANABAL A, DAVULIS P M, POLLARD T, et al. Multi-sensor wireless interrogation of SAW resonators at high temperatures ［C］ //2010 IEEE International Ultrasonics Symposium. IEEE, 2010: 265-268.

［13］ MOULZOLF S C, BEHANAN R, LAD R J, et al. Langasite SAW pressure sensor for harsh environments ［C］ //2012 IEEE International Ultrasonics Symposium. IEEE, 2012: 1224-1227.

［14］ JATLAOUI M M, CHEBILA F, PONS P, et al. Pressure sensing approach based on electromagnetic transduction principle: proceedings of the 2008 IEEE Asia-Pacific Microwave Conference, 2008 ［C］. Hong Kong: City University of Hong Kong, 2008.

［15］ KUBINA B, SCHUSLER M, MANDEL C, et al. Wireless high-temperature sensing with a chipless tag based on a dielectric resonator antenna: proceedings of the IEEE Sensors, 2013 ［C］. Baltimore: the IEEE Sensors Council, 2013.

［16］ CHEN P J, SAATI S, VARMA R, et al. Wireless intraocular pressure sensing using microfabricated minimally invasive flexible-coiled LC sensor implant ［J］. Journal of Microelectromechanical Systems, 2010, 19(4): 721-734.

［17］ ONG K G, GRIMES C A. A carbon nanotube-based sensor for CO_2 monitoring ［J］. Sensors, 2001, 1(6): 193-205.

［18］ ONG J B, YOU Z, MILLS-BEALE J, et al. A wireless, passive embedded sensor for real-time monitoring of water content in civil engineering materials ［J］. IEEE sensors Journal, 2008, 8(12): 2053-2058.

［19］ HARPSTER T J, STARK B, NAJAFI K. A passive wireless integrated humidity sensor ［J］. Sensors and Actuators A: Physical, 2002, 95(2): 100-107.

［20］ 陈炳贻, 陈国明. 航空发动机高温测试技术发展 ［J］. 推进技术, 1996, 17 （1）: 92-96.

［21］ CULLINANE W F, STRANGE R R. Gas turbine engine validation instrumentation: measurements, sensors, and needs ［J］. Proceedings of SPIE-The International Society for Optical Engineering, 1999: 2-13.

［22］ 赵立波, 赵玉龙. 用于恶劣环境的耐高温压力传感器 ［J］. 光学精密工程, 2009, 17 （6）: 92-96.

［23］ PULLIAM W J, RUSSLER P M, FIELDER R S. High-temperature high-bandwidth fiber optic MEMS pressure-sensor technology for turbine engine component testing ［C］//Fiber Optic Sensor Technology and Applications 2001. SPIE, 2002, 4578: 229-238.

［24］ KANG J S, YANG S S. Fast-response total pressure probe for turbomachinery application ［J］. Journal of Mechanical Science and Technology, 2010, 24(2): 569-574.

［25］ PINNOCK R A. Optical pressure and temperature sensors for aerospace applications. Sensor Review ［J］. 1998, 18(1): 32-38.

［26］ VOLPONI A J. Gas turbine engine health management: past, present, and future trends［J］. Journal of Engineering for Gas Turbines and Power, 2014, 136(5): 051201.

［27］ JIANG J, LIU T, LIU K, et al. Development of optical fiber sensing instrument for aviation and aerospace application［C］//2013 International Conference on Optical Instruments and Technology: Optical Sensors and Applications. SPIE, 2013, 9044: 133-141.

［28］ RINALDI G, STIHARU I, PACKIRISAMY M, et al. Dynamic pressure as a measure of gas turbine engine (GTE) performance［J］. Measurement Science and Technology, 2010, 21(4): 45201.

［29］ 郭伟. 脉冲爆震发动机离子式高温压力传感器研究［D］. 南京：南京航空航天大学，2007.

［30］ 杨永军，蔡静，赵俭. 航空发动机研制高温测量技术探讨［J］. 计测技术，2008，28（10）：46-48.

［31］ SENESKY D G, JAMSHIDI B, CHENG K B, et al. Harsh environment silicon carbide sensors for health and performance monitoring of aerospace systems: A review［J］. IEEE Sensors Journal, 2009, 9(11): 1472-1478.

［32］ KURTZ A D, CHIVERS J W, NED A A, et al. Sensor requirements for active gas turbine engine control［R］. Kulite Semiconductor Products Inc, Leonia, NJ, 2001.

［33］ 刘彤，荆欣. 发展中的锅炉炉内温度测量技术［J］. 现代电力，2002，19（4）：14-20.

［34］ 张为，姚素英，张生才，等. 高温压力传感器现状与展望［J］. 仪表技术与传感器，2002，4：6-8.

［35］ GRIDCHIN V A, LUBIMSKY V M, SARINA M P. Piezoresistive properties of polysilicon films［J］. Sensors and Actuators A: Physical, 1995, 49: 67-72.

［36］ LIU X W, LU X B, CHUAI R Y, et al. Polysilicon nanofilm pressure sensor ［J］. Sensors and Actuators A: Physical, 2009, 154(1): 42-45.

［37］ STUCHEBNIKOV V M. SOS strain gauge sensors for force and pressure transducers ［J］. Sensors and Actuators A: Physical, 1991, 28(3): 207-213.

［38］ 王权，丁建宁，王文襄. 基于 SIMOX 的耐高温压力传感器芯片制作 ［J］. 半导体学报，2005，8：1595-1598.

［39］ 伞海生，宋子军，王翔，等. 适用于恶劣环境的 MEMS 压阻式压力传感器 ［J］. 光学精密工程，2013，20（3）：550-554.

［40］ 陈勇，郭方方，白晓弘，等. 基于 SOI 技术高温压力传感器的研制 ［J］. 仪表技术与传感器，2014，6：4-6.

［41］ 蒋庄德，田边，赵玉龙，等. 特种微机电系统压力传感器 ［J］. 机械工程学报，2013，49（6）：187-195.

［42］ 李新，刘野，刘沁，等. 基于 SOI 晶圆材料的硅微压传感器 ［J］. 仪表技术与传感器，2012，5：15-17.

［43］ 张为，姚素英，张生才，等. 一种半导体压力传感器 ［J］. 天津大学学报，2005，38（10）：901-903.

［44］ ZIERMANN R, VON BERG J, OBERMEIER E, et al. High temperature piezoresistive β-SiC-on-SOI pressure sensor with on chip SiC thermistor ［J］. Materials Science and Engineering: B, 1999, 61: 576-578.

［45］ CHEN L, MEHREGANY M. A silicon carbide capacitive pressure sensor for in-cylinder pressure measurement ［J］. Sensors and Actuators A: Physical, 2008, 145: 2-8.

［46］ ZHANG H, GUO H, WANG Y, et al. Study on a PECVD SiC-coated pressure sensor ［J］. Journal of Micromechanics and Microengineering, 2007, 17(3): 426.

［47］ 庞天照，严子林，唐飞，等. 碳化硅高温压力传感器的研究进展与展望 ［J］. 噪声与振动控制，2010，1：170-174.

［48］严子林. 碳化硅高温压力传感器设计与工艺实验研究［D］. 北京：清华大学，2011.

［49］李颖，梁庭，林斯佳，等. MEMS 非接触式电容压力传感器结构设计及制备［J］. 半导体技术，2013，38（11）：827-830.

［50］李赛男，梁庭，喻兰芳，等. SiC 高温压力传感器电容芯片设计与仿真［J］. 仪表技术与传感器，2015，3：7-10.

［51］喻兰芳，梁庭，熊继军，等. 4H-SiC 无线无源高温压力传感器设计［J］. 测控技术与仪器仪表，2014，40：81-84.

［52］XU J, PICKRELL G, WANG X, et al. A novel temperature-insensitive optical fiber pressure sensor for harsh environments［J］. IEEE Photonics Technology Letters, 2005, 17(4): 870-872.

［53］WANG X, XU J, ZHU Y, et al. All-fused-silica miniature optical fiber tip pressure sensor［J］. Optics Letters, 2006, 31(7): 885-887.

［54］ZHU Y, COOPER K L, PICKRELL G R, et al. High-temperature fiber-tip pressure sensor［J］. Journal of Lightwave Technology, 2006, 24(2): 861-869.

［55］CEYSSENS F, DRIESEN M, PUERS R. An optical absolute pressure sensor for high-temperature applications, fabricated directly on a fiber［J］. Journal of Micromechanics and Microengineering, 2009, 19(11): 115017.

［56］MA J, JU J, JIN L, et al. A compact fiber-tip micro-cavity sensor for high-pressure measurement［J］. IEEE Photonics Technology Letters, 2011, 23(21): 1561-1563.

［57］ZHANG Y N, YUAN L, LAN X W, et al. High-temperature fiber-optic Fabry-Perot interferometric pressure sensor fabricated by femtosecond laser［J］. Optics Letters, 2013, 38(22): 4609-4612.

［58］BIRDSELL E, ALLEN M, PARK J. Wireless ceramic sensors operating in high temperature environments［C］//40th AIAA/ASME/SAE/ASEE Joint

Propulsion Conference and Exhibit, 2004: 3990.

[59] RADOSAVLJEVIĆ G, SMETANA W, MARIĆ A, et al. Micro force sensor fabricated in the LTCC technology[C]//2010 27th International Conference on Microelectronics Proceedings. IEEE, 2010: 221-224.

[60] XIONG J, LI Y, HONG Y, et al. Wireless LTCC-based capacitive pressure sensor for harsh environment[J]. Sensors and Actuators A: Physical, 2013, 197: 30-37.

[61] GREVE D, ZHENG P, CHIN T, et al. Wireless harsh-environment oxygen sensors[C]. Proceedings of IEEE Sensors, Limerick, Ireland, 2011: 28-31.

[62] KANG A, ZHANG C, JI X, et al. SAW-RFID enabled temperature sensor [J]. Sensors and Actuators A: Physical, 2013, 201: 105-113.

[63] 王学俊. 无线声表面波传感检测系统的设计研究 [D]. 杭州：浙江大学，2011.

[64] 孙雪梅. 基片表面力负载对 SAW 谐振器的特性影响分析 [D]. 重庆：重庆大学，2008.

[65] CHENG H, SHAO G, EBADI S, et al. Evanescent-mode-resonator-based and antenna-integrated wireless passive pressure sensors for harsh-environment applications [J]. Sensors and Actuators A: Physical, 2014, 220: 22-33.

[66] ZHAI J, HOW T V, HON B. Design and modeling of a passive wireless pressure sensor [J]. CIRP Annals-Manufacturing Technology, 2010, 59(1): 187-190.

[67] CHEN P J, RODGER D C, SAATI S, et al. Microfabricated implantable parylene-based wireless passive intraocular pressure sensors[J]. Journal of Microelectromechanical Systems, 2008, 17(6): 1342-1351.

[68] CAO H, WEBER R J, HAMOUCHE N G. A passive intraocular pressure sensor and a wireless sensing technique using an intermediate LC resonator

[C] //2011 IEEE/NIH Life Science Systems and Applications Workshop (LiSSA). IEEE, 2011: 5-8.

[69] CHITNIS G, MALEKI T, SAMUELS B, et al. A minimally invasive implantable wireless pressure sensor for continuous IOP monitoring [J]. IEEE Transactions on Biomedical Engineering, 2013, 60(1): 250-256.

[70] XUE N, CHANG S P, LEE J B. A SU-8-based microfabricated implantable inductively coupled passive RF wireless intraocular pressure sensor [J]. Journal of Microelectromechanical Systems, 2012, 21(6): 1338-1346.

[71] LIN J C, ZHAO Y, CHEN P J, et al. Feeling the pressure: A parylene-based intraocular pressure sensor [J]. IEEE Nanotechnology Magazine, 2012, 6(3): 8-16.

[72] MARIOLI D, SARDINI E, SERPELLONI M. Passive hybrid MEMS for high-temperature telemetric measurements [J]. IEEE Transactions on Instrumentation and Measurement, 2010, 59(5): 1353-1361.

[73] ANDRINGA M M, PURYEAR J M, NEIKIRK D P, et al. In situ measurement of conductivity and temperature during concrete curing using passive wireless sensors [C] //Sensors and Smart Structures Technologies for Civil, Mechanical, and Aerospace Systems 2007. SPIE, 2007, 6529: 1104-1113.

[74] WANG Y, JIA Y, CHEN Q, et al. A passive wireless temperature sensor for harsh environment applications [J]. Sensors, 2008, 8(12): 7982-7995.

[75] TAN Q, LUO T, XIONG J, et al. A Harsh Environment-Oriented Wireless Passive Temperature Sensor Realized by LTCC Technology [J]. Sensors, 2014, 14(3): 4154-4166.

[76] TAN Q, REN Z, CAI T, et al. Wireless passive temperature sensor realized on multilayer HTCC tapes for harsh environment [J]. Journal of Sensors, 2015(1): 124058.

［77］ ONG K G, ZENG K, GRIMES C A. A wireless, passive carbon nanotube-based gas sensor ［J］. IEEE sensors Journal, 2002, 2(2): 82-88.

［78］ STOJANOVIĆ G, RADOVANOVIĆ M, MALEŠEV M, et al. Monitoring of water content in building materials using a wireless passive sensor ［J］. Sensors, 2010, 10(5): 4270-4280.

［79］ TAN E L, NG W N, SHAO R, et al. A wireless, passive sensor for quantifying packaged food quality ［J］. Sensors, 2007, 7(9): 1747-1756.

［80］ ONG K G, BITLER J S, GRIMES C A, et al. Remote query resonant-circuit sensors for monitoring of bacteria growth: Application to food quality control ［J］. Sensors, 2002, 2(6): 219-232.

［81］ GARCIA-CANTON J, MERLOS A, BALDI A. High-quality factor electrolyte insulator silicon capacitor for wireless chemical sensing ［J］. IEEE Electron Device Letters, 2007, 28(1): 27-29.

［82］ BUTLER J C, VIGLIOTTI A J, VERDI F W, et al. Wireless, passive, resonant-circuit, inductively coupled, inductive strain sensor ［J］. Sensors and Actuators A: Physical, 2002, 102(1): 61-66.

［83］ GARCía-CANTón J, MERLOS A, BALDI A. A wireless LC chemical sensor based on a high quality factor EIS capacitor ［J］. Sensors and Actuators B: Chemical, 2007, 126(2): 648-654.

［84］ 徐立勤, 曹伟. 电磁场与电磁波理论 ［M］. 北京: 科学出版社, 2010.

［85］ 干长松, 张绪鹏, 讠江枫. 新型感应式电能传输系统的耦合特性研究[J]. 武汉理工大学学报, 2010, 32（3）: 124-127.

［86］ Yang F, Liang T, Yang X, et al. Study on the wireless transmission performance of the passive pressure sensor ［C］//Proceedings of 2011 International Conference on Electronics and Optoelectronics. IEEE, 2011, 1: 155-158.

［87］ 李凯丽, 秦丽, 梁庭, 等. 无源压力传感器信号拾取系统 ［J］. 微纳电

子技术，2013，50（7）：442-446.

［88］CHEN J, LIOU J. Modeling of On-Chip Differential Inductors and Transformers Baluns［J］. IEEE Transactions Oil Electron Devices, 2007, 54(2): 369-37l.

［89］LOPEZ-VILLEGAS J M, SAMITIER J, CANE C. Improvement of the quality factor of RF integrated inductors by layout optimization［J］. IEEE Transactions On Microwave Theory and Techniques, 2000, 48(1): 76-83.

［90］MERKIN T B, JUNG S, TJUATJA S, et al. An ultra-wideband low noise amplifier with air-suspended RF MEMS inductors［C］//2006 IEEE International Conference on Ultra-Wideband. IEEE, 2006: 459-464.

［91］CHILL-MING T, CHIEN N. Multilevel Suspended Thin-Film Inductors on Silicon Wafers［J］. IEEE Transactions on Electron Devices, 2007, 54(6): 1510-1514.

［92］GREENHOUSE H M. Design of Planar Rectangular Microelectronic Inductors［J］. IEEE Trans. on Parts, Hybirds, and Packatging, 1974, 10(2): 101-109.

［93］CAO Y, GROVES R, HUANG X, et al. Frequency-independent Equivalent-Circuit Model for On-chip Spiral Inductors［C］. IEEE J. Solid-State Circuits, March, 2003: 419-425.

［94］KENNETH O. Estimation methods for quality factors of inductors fabricated in silicon integrated circuit process technologies［J］. IEEE J. Solid State Circuits, 1998, 33(8): 1249-1252.

［95］KUHN W B, HE X, Mojarradi M. Modeling spiral inductors in SOS processes［J］. IEEE Transactions on Electron Devices, 2004, 51(5): 677-683.

［96］文进才, 孙玲玲. 硅衬底在片螺旋电感建模及其参数提取［J］. 杭州电子科技大学学报, 2005, 25(6): 14-17.

［97］ YONG W, YANLING S, YUN L, et al. Performance Analysis of RF Spiral Inductor with Gradually Changed Metal Width and Space ［J］. Chinese Journal of semiconductors, 2005, 26(9): 1716-1721.

［98］ PATRICK C, WONG S. Physical Modeling of Spiral Inductors on Silicon ［J］. IEEE Transactions on Electron Devices, 2000, 47(3): 560-568.

［99］ JOW U, GHOVANLOO M. Design and optimization of printed spiral coils for efficient transcutaneous inductive power transmission ［J］. IEEE Transactions on Biomedical Circuits and Systems, 2007, 1(3): 193-202.

［100］ 齐立荣. 平面螺旋电感的计算和仿真研究 ［D］. 大连：大连海事大学，2007.

［101］ MOHAN S, HERSHENSON M, BOYD S, et al. Simple accurate expressions for planar spiral inductances ［J］. IEEE Journal of Solid-State Circuits, 1999, 34(10): 1419-1424.

［102］ TIMOSHENKO S. Theory of Plates and Shells ［M］. New York: McGraw-hill, 1959.

［103］ MEIJERINK M, NIEUWKOOP E, VENINGA E, et al. Capacitive pressure sensor in post-processing on LTCC substrates ［J］. Sensors and Actuators A, 2005(123): 123-124.

［104］ BIROL H, MAEDER T, RYSER P. Processing of graphite-based sacrificial layer for microfabrication of low temperature co-fired ceramics (LTCC) ［J］. Sensors and Actuators A, 2006, 130: 560-567.

［105］ KHOONG L E, TAN Y M, LAM Y C. Overview on fabrication of three-dimensional structures in multi-layer ceramic substrate ［J］. Journal of the European Ceramic Society, 2010, 30: 1973-1987.

［106］ NOPPER R, HAS R, REINDL L. A wireless sensor readout system-circuit concept, simulation, and accuracy ［J］. IEEE Transactions on instrumentation measurement, 2011, 60(8): 2976-2983.

［107］ 尚春，刘广玉. 新型传感器技术及应用［M］. 北京：中国电力出版社，
2000.

［108］ GANJI B, MAJLIS B. Design and fabrication of a new MEMS capacitive
microphone using a perforated aluminum diaphragm［J］. Sensors and
Actuators A, 2009, 149(1): 29-37.

［109］ TAN Q, KANG H, XIONG J, et al. A Wireless Passive Pressure
Microsensor Fabricated in HTCC MEMS Technology for Harsh
Environments［J］. Sensors, 2013, 13: 9896-9908.